生态环境保护与监测技术应用

乔磊　徐景芳　郎红东　著

吉林科学技术出版社

图书在版编目（ＣＩＰ）数据

生态环境保护与监测技术应用 / 乔磊，徐景芳，郎红东著. -- 长春：吉林科学技术出版社，2024. 6.

ISBN 978-7-5744-1640-6

Ⅰ. X171.4；X8

中国国家版本馆CIP数据核字第20242ZD948号

生态环境保护与监测技术应用

著　　乔　磊　徐景芳　郎红东
出 版 人　宛　霞
责任编辑　刘　畅
封面设计　南昌德昭文化传媒有限公司
制　　版　南昌德昭文化传媒有限公司
幅面尺寸　185mm×260mm
开　　本　16
字　　数　261 千字
印　　张　12.25
印　　数　1~1500 册
版　　次　2024年6月第1版
印　　次　2024年12月第1次印刷

出　　版　吉林科学技术出版社
发　　行　吉林科学技术出版社
地　　址　长春市福祉大路5788号出版大厦A座
邮　　编　130118
发行部电话/传真　0431-81629529 81629530 81629531
　　　　　　　　　　81629532 81629533 81629534
储运部电话　0431-86059116
编辑部电话　0431-81629510
印　　刷　三河市嵩川印刷有限公司

书　　号　ISBN 978-7-5744-1640-6
定　　价　72.00元

前　言

　　随着我国经济的发展与科学的进步，人民的生活越来越富足，生产力大幅度提高，然而，环境污染问题日益严重。当前环境污染主要有以下几个方面的表现：一是水环境污染，当前造成水体污染的主要原因是工业生产排出的废水、农业种植过程中喷洒的农药等，由这些因素导致大量污水的产生，并直接影响了人们的生活和健康；二是土壤环境污染，土地资源是最为重要的一项生产资源，但是由于人们在生产环节中的不当操作或对经济利益的过度追求，导致废水、废气、不可降解垃圾在土地中沉积，从而对土壤造成了污染；三是大气环境污染，城市的快速发展使大气污染愈发严重，污染源也从最初的工业生产、煤炭燃烧、汽车尾气排放等变为众多复合性的非常规物质。如今，可吸入颗粒物已经成为影响空气质量的首要污染物；四是固体废物污染，固体废物主要包括人们的生活垃圾和工业生产产生的固体垃圾，如厨余垃圾、废旧电池、工业废渣，固体废物污染对生态环境有着长期潜在的负面影响。

　　随着环境保护事业的快速发展，我国的生态保护工作已逐渐被提升到前所未有的高度，环境保护工作的重点已由单纯污染控制转向生态保护和生态良性循环。作为了解和掌握生态环境质量现状及其变化趋势的重要手段，生态环境监测成为生态保护必不可少的重要组成部分。在当前生态环境监测任务日益繁重、监测技术要求不断提高的形势下，从事生态环境监测的专业技术人员需要同步提升自身的技术水平和科研能力。本书系统介绍了生态环境监测中涉及的监测与调查技术，力图使生态环境监测专业技术人员对生态环境监测与调查的技术方法有一个全面的掌握，从而促进全国环境监测系统整体技术水平和科研能力的提升。

目　录

第一章 生态环境与生态环境保护

第一节 生态环境基本概念

从生态学科理论演化的角度，德国动物学家海克尔于1865年首次提出生态这个词。他认为动物对于无机和有机环境所具有的关系就叫作生态。1895年植物生态学创始人瓦尔明奠定了植物生态学的基础。1935年英国生态学家坦斯利提出生态系统的概念，即有机体必然与它们的环境形成一个自然生态系统。许多科学家虽然没有使用生态或生态系统这个词，但都从不同角度为这一学科的发展做了大量的研究工作，并且取得了相当多的成果。据现在学界的定义，生态是指生物（原核生物、原生生物、动物、真菌、植物五大类）之间和生物与周围环境之间的相互联系、相互作用。

生态环境，英文名称"EcologicalEnvironment"，其意指影响人类与生物生存和发展的一切外界条件的总和，包括生物因子（如植物、动物等）和非生物因子（如光、水分、大气、土壤等）。它是"由生态关系组成的环境"的简称，是指与人类密切相关的，影响人类生活和生产活动的各种自然（包括人工干预下形成的第二自然）、力量（物质和能量）或作用的总和。生态环境是指影响人类生存与发展的水资源、土地资源、生物资源以及气候资源数量与质量的总称，是关系到社会和经济持续发展的复合生态系统。生态环境问题是指人类为其自身生存和发展，在利用和改造自然的过程中，对自然环境破坏和污染所产生的危害人类生存的各种负反馈效应。当代环境概念泛指地理环境，是围绕人类的自然现象总体，可分为自然环境、经济环境和社会文化环境。当代环境科学是研究环境及其与人类的相互关系的综合性科学。生态与环境虽然是两个相对独立的概念，但两者又紧密联系、"水乳交融"、相互交织，因而出现了"生态环境"这个新概念。生态环境指生物及其生存繁衍的各种自然因素、条件的总和，是一个大系统，是由生态系统和环境系统中的各个"元素"共同组成。生态环境与自然环境在含义上十分相近，有时人们将其混用，但严格说来，生态环境并不等同于自然环境。自然环境的外延比较广，各种天然因素的总体都可以说是自然环境，但只有具有一定生态关系构成的系统整体才能称为生态环境；仅有非生物因素组成的整体，虽然可以称为自然环境，但并不能叫作生态环境。

一、生态环境的含义

从国内的情况看，学界对生态环境的含义大致有四个方面的理解：一是认为生态不能修饰环境，通常说的生态环境应该理解为生态与环境。二是认为当某事物、某问题与生态、环境都有关，或分不太清是生态问题还是环境问题时，就用生态环境，即理解为生态或环境。三是把生态作为褒义词修饰环境，把生态环境理解为不包括污染和其他问题的、较符合人类理念的环境。四是生态环境就是环境，污染和其他的环境问题都应该包括在内，不应该分开。应该说，上述对生态环境含义的四种理解都有其依据和合理性，但是作为一个科技名词，不能长期存在太大的歧义。从科学研究与创新、信息和知识的交流与传播、科学教育与普及等三个方面看，都需要尽快将其规范化。人类环境一般可以分为自然环境和社会环境。自然环境又称为地理环境，即人类周围的自然界，包括大气、水、土壤、生物和岩石等。地理学把构成自然环境总体的因素划分为大气圈、水圈、生物圈、土壤圈和岩石圈等五个自然圈。社会环境指人类在自然环境的基础上，为不断提高物质和精神文明水平，在生存和发展的基础上逐步形成的人工环境，如城市、乡村、工矿区等。《中华人民共和国环境保护法》则从法学角度对环境下了定义："本法所称环境是指影响人类生存和发展的各种天然的和经过人工改造的自然因素的总体，包括大气、水、海洋、土地、矿藏、森林、草原、野生生物、自然遗迹、人文遗迹、风景名胜区、自然保护区、城市和乡村等。"从上文中可以看出，生态与环境既有区别又有联系。生态偏重生物与其周边环境的相互关系，更多地体现出系统性、整体性、关联性，而环境更强调以人类生存发展为中心的外部因素，更多地体现为人类社会的生产和生活提供的广泛空间、充裕资源和必要条件。在我国，"生态环境"最早组合成为一个词则是在1982年五届全国人大第五次会议，会议在讨论《中华人民共和国宪法（草案）》和当年的政府工作报告（讨论稿）时均使用了当时比较流行的保护生态平衡的提法。时任全国人大常委会委员、中国科学院地理研究所所长黄秉维院士在讨论中指出"平衡是动态的，自然界总是不断打破旧的平衡，建立新的平衡，所以用保护生态平衡不妥，应以保护生态环境替代保护生态平衡"。会议接受了黄秉维院士的这一提法，最后形成了《中华人民共和国宪法》第二十六条："国家保护和改善生活环境和生态环境，防治污染和其他公害。"同年的政府工作报告也采用了相似的表述。由于在《中华人民共和国宪法》和政府工作报告中使用了这一提法，"生态环境"一词一直沿用至今。

二、环境生态学的概述

（一）环境生态学的概念

从学科体系上看，环境生态学是环境科学的组成部分。但按现代生态学的学科划分，它又是应用生态学的一个分支，尚处于发展、完善阶段。环境生态学是个新兴的、综合性很强的学科，是一门运用生态学理论，它研究人为干扰下，生态系统内在的变化机制，规律和对人类的反效应，并寻求受损生态系统恢复，重建和保护对策的科学。环境生态学，是指以生态学的基本原理为理论基础，结合系统科学、物理学、化学、仪器分析、环境科学等学科的研究成果，研究生物与受人干预的环境相互之间的关系及其规律性的一门科学。从学科发展上看，环境生态学的理论基础是生态学，它由生态学分支而来，但同时又不同于生态学。

（二）环境生态学的主要分支

1. 污染生态学

污染生态学是研究生物系统与环境污染之间相互作用及其调控机理的学科，是环境生态学的一个分支。污染生态学是从环境科学和生物学分化出来的一个边缘学科，它同毒理学、生理学、生物化学、土壤学、湖沼学和海洋学等相互渗透，产生了生态毒理学、环境微生物学、污染土壤学和生物监测等分支学科或研究领域。污染生态学的任务是通过揭示污染物在生态系统中运动和作用的规律，防止和减轻环境污染物对生物和人的不利影响。从宏观上，污染生态学研究环境中污染物对生态系统产生影响的基本规律，从微观上污染生态学研究污染物在生态系统中迁移、转化的规律及对生物产生的毒害作用及其机理。污染生态学具体研究内容有以下几个方面：

（1）生物效应研究污染物对生物的直接或间接的影响，尤其是毒物的慢性作用和一定时间、一定剂量的作用，以及各种因素的综合作用；特别是污染物对人和生物的致畸、致癌、致突变作用，进而研究污染物在生态环境系统中的标准。

（2）放射性污染物研究放射性污染物对生物种群的危害，生物种群和个体对放射性元素的吸收，放射性元素在生态系统食物链（网）中的循环。

（3）生物净化研究如何利用绿色植物净化环境空气；利用土壤、土壤生物系统，以及植物治理土壤污染，利用水生物系统、土地处理系统处理工业废水和生活污水。

（4）生物监测生物监测研究如何利用植物监测空气污染，利用指示生物、水生生物群落、生物测试等方法监测水体污染。

2. 保护生态学

保护生态学是研究自然资源的保护和持续利用及其与环境相互关系的学科。随着人口增加和生产力的发展，人类利用自然资源的强度不断增大，在技术水平较低和缺乏规划的背景下，森林的大面积采伐、草地的过度放牧、围垦湿地导致生态系统遭受破坏而退化甚至消失。保护自然资源成为人类面临的艰巨任务。为了寻找合理利用自然资源的途径，特别是实现可再生资源的持续利用，维护地球生态系统的活力，保护生态学逐渐产生和发展起来。保护生态学是生态学与社会科学的交叉学科，它是研究各地生态特点、变化趋势、资源优势，制定区域生态系统类型发展规划和处理生态危机的科学。保护生态学的主要任务有以下几点：①研究自然资源的种类、数量、质量、分布等基本问题。如生态系统的物种成员类型、关键种、物种受威胁类型的划分和标准等。②研究人类活动对自然资源的影响的基本规律。如次生生态系统演替、水土流失、生境破碎化对物种生存和发展的影响、经济全球化和保护地方化的矛盾对资源环境的影响、保护生态和经济价值、生物入侵的威胁等。③研究自然资源的保护与利用。如制定生态保护战略、政策和技术标准，生物多样性的保护与持续利用，保护区和自然与文化遗产地的分类、建立和管理，受损生态系统的恢复与重建，栽培区域综合农业系统的建立和可持续发展，区域或流域生态规划，资源计价以及绿色核算系统的建立。

（三）人类生态学

人类生态学是研究人类与其环境间的关系的学科。由于人类与环境的关系涉及的方面众多，要认识这种复杂的关系，必须有多学科作为基础。所以人类生态学是从生物学、地理学、社会学、人类学和心理学等学科的基础上发展起来的一门综合性学科。

第二节　生态系统基础理论

一、生态系统的组成

生态系统的组成可以分为两大部分：无生命成分（生物群落）和生命成分。

（一）无生命成分

生态系统中的无生命成分包括生物代谢的能源——太阳辐射能，生物代谢材料——二氧化碳、水、氧、氮、无机盐、有机质等，以及气候（如温度、压力）等物理条件。无生命成分在生态系统中的作用起到两个方面的作用：一方面是为各种生物提供必要的生存环境，另一方面为各种生物提供了生长发育所必需的营养元素。无生命成分和生命成分在同一个时间和空间中，共同构成了一个有机的统一体。在这个有机整体中，能量和物质不断地流动，并在一定条件下保持着相对平衡。

（二）生命成分

生态系统中的生命成分即生物群落。尽管地球上的生物种类有数百万种，但根据它们获取营养和能量的方式以及在能量流通和物质循环中所发挥的作用，可以将其概括为生产者、消费者和分解者三大类群。

1. 生产者

生产者（producer）是指能利用简单的无机物质制造食物的自养生物（autotrophy），主要包括所有绿色植物、蓝绿藻和少数化能合成细菌等自养生物。这些生物可以通过光合作用把水和二氧化碳等无机物合成为碳水化合物、蛋白质和脂肪等有机化合物，并把太阳辐射能转化为化学能，贮存在合成有机物的分子键中。植物的光合作用只有在叶绿体中才能进行，而且必须是在阳光的照射下。但是当绿色植物进一步合成蛋白质和脂肪的时候，还需要有氮、磷、硫、镁等 15 种或更多种元素和无机物参与。生产者通过光合作用不仅为本身的生存、生长和繁殖提供了营养物质和能量，而且它所制造的有机物质也是消费者和分解者唯一的能量来源。生态系统中的消费者和分解者是直接或间接依赖生产者为生的，没有生产者也就不会有消费者和分解者。可见，生产者是生态系统中最基本和最关键的生物成分。太阳能只有通过生产者的光合作用才能源源不断地输入态系统，然后再被其他生物所利用。

2. 消费者

消费者（Consumers）是针对生产者而言的，即它们不能把无机物质制造成有机物质，而是直接或间接地依赖于生产者所制造的有机物质，因此属于异养生物。消费者都是依靠植物为食（直接取食植物或间接取食以植物为食的动物）。直接以绿色植物为食的动物称植食动物，又叫一级消费者，如蝗虫、兔、马等；以植食动物为食的动物叫肉食动物，也叫二级消费者，如捕食野兔的狐和猎捕羚羊的猎豹等；此外还有三级消费者（或二级肉食动物）、四级消费者（或三级肉食动物），直到顶级肉食动物。消费者也包括那些既吃植物也吃动物的杂食动物。有些鱼类是杂食性的，它们吃水藻、水草，也吃水生无脊椎动物。也有许多动物的食性是随着季节和年龄而变化的，如麻雀在秋季和冬季以吃植物为主，但是到了夏季的生殖季节就以吃昆虫为主。食碎屑者也属于消费者，它们的特点是只吃死的动植物残体。另外，消费者还包括寄生生物。寄生生物靠取食其他生物的组织、营养物和分泌物为生。因此，消费者主要是指以其他生物为食的各种动物，据食性分为植食动物、肉食动物、杂食动物和寄生动物等。

3. 分解者

分解者是异养生物，它们分解动植物的残体、粪便和各种复杂的有机化合物，吸收某些分解产物，最终将有机物分解为简单的无机物，而这些无机物参与物质循环后可被自养生物重新利用。分解者主要是各种细菌和真菌，也包括某些原生动物和蚯蚓、白蚁、秃鹫等大型腐食性动物。分解者在生态系统中的基本功能是把动植物死亡后的残体分解为比较简单的化合物，最终分解为最简单的无机物并把它们释放到环境中去，供生产者重新吸收和利用。由于分解过程对于物质循环和能量流动具有非常重要的意义，所以分解者在任何生态系统中都是不可缺少的组成成分。如果生态系统中没有分解者，动植物遗体和残遗有机物很快就会堆积起来，影响物质的再循环过程，生态系统中的各种营养物质很快就会发生短缺并导致整个生态系统的瓦解和崩溃。由于有机物质的分解过程是一个复杂的逐步降解的过程，因此除了细菌和真菌两类主要的分解者外，其他大大小小以动植物残体和腐殖质为食的各种动物在物质分解的总过程中都在不同程度地发挥着作用。生态系统中的无生命成分和生命成分是密切交织在一起、彼此相互作用的，土壤系统就是这种相互作用的一个很好实例。土壤的结构和化学性质决定着什么植物能够在它上面生长、什么动物能够在其中居住。植物的根系对土壤也有很大的固定作用，并能大大减缓土壤的侵蚀过程。动植物的残体经过细菌、真菌和无脊椎动物的分解作用而变为土壤中的腐殖质，增加了土壤的肥力，反过来又为植物根系的发育提供了各种营养物质。缺乏植物保护的土壤（包括那些受到人类破坏的土壤）很快就会遭到侵蚀和淋溶而变为不毛之地。当然，不同类型的生态系统其具体的组成成分各不相同。例如，陆生生态系统中的生产者是各种陆生植物，消费者是各种陆生动物，分解者主要是土壤微生物；而水生生态系统中的生产者是各种浮游植物和水生植物，包括沉水植物、浮水植物、挺水植物，消费者是各种水生动物，包括浮游动物、底栖动物和鱼类，分解者则是各种水生微生物。不同类型生态系统的无生命成分也存在较大的差异。

二、生态系统的结构

（一）生态系统的形态结构

生态系统中生物种类及各种生物的种群数量均有一定的时间分布和空间配置，在一定时期内处于相对稳定的状态，从而使得生态系统能保持一个相对稳定的形态结构。

1. 空间配置

在生态系统中，各种动物、植物和微生物的种类和数量在空间上的分布构成垂直结构和水平结构。在各种类型的生态系统中，森林生态系统的垂直结构最为典型，具有明显的成层现象。在地上部分，自上而下有乔木层、灌木层、草本植物层和苔藓地衣层。乔木层上部的叶片受到全量的光照，灌木层只能利用从乔木层透射下来的残余光照。通过灌木层再次减弱的太阳光，被草本层利用的只相当于入射光的1% ~ 5%；透过草本层到达苔藓地衣层的阳光，一般只占入射光的1%。在地下部分，有浅根系、深根系及根际微生物，动物具有空间活动能力，但是它们的生活直接或间接地依赖于植物。因此，在生态系统中，动物也依附于植物的各个层次而呈现出成层分布现象。水平分布构成生态系统的水平结构。由于光照、土壤、水分、地形等生态因子的不均匀性及生物间生物学特性的差异，各种生物种群在水平方向上呈镶嵌分布。例如，在森林生态系统中，森林边缘与森林内部分布着明显不同的动植物种类。

2. 时间配置

同一个生态系统，在不同时期或不同季节，表现出一定的周期性时间变化。例如，我国长白山森林生态系统，冬季满山白雪皑皑；春季冰雪消融，绿草如茵；夏季鲜花遍野，争芳斗艳；秋季硕果累累，一片金色。这一年四季有规律的变化，就构成了长白山森林生态系统的"季相"。生态系统的时间配置，除表现在季节周期性变化外，还表现

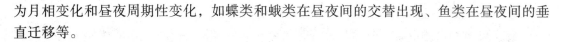

为月相变化和昼夜周期性变化，如蝶类和蛾类在昼夜间的交替出现、鱼类在昼夜间的垂直迁移等。

（二）生态系统的营养结构

生态系统的营养结构是指生态系统中生物与生物之间，生产者、消费者和分解者之间以食物营养为纽带所形成的食物链和食物。生态系统的生产者分别向消费者和分解者提供营养，消费者也可向分解者提供营养，分解者分解生物残体把营养物质输送给环境，由环境再供给生产者吸收利用。不同生态系统因组成成分不同，其营养结构的具体表现形式也不尽相同。

1. 食物链

食物链是指各种生物之间存在着取食和被取食的关系。通过食物链，实现能量在生态系统内传递。按照生物与生物之间的关系，可将食物链分成四种类型：第一，捕食食物链。捕食食物链指一种活的生物取食另一种活的生物所构成的食物链。捕食食物链都以生产者为食物链的起点。例如，植物—植食性动物—肉食性动物，这种食物链既存在于水域，也存在于陆地环境。第二，碎屑食物链。碎屑食物链是指以碎食（植物的枯枝落叶等）为食物链起点的食物链。这种食物链的最初食物源是碎食物。高等植物叶子的碎片，经细菌与真菌的作用后，再加入微小的藻类，就构成碎屑性食物。其构成形式是碎食物—碎食物消费者—小型肉食性动物—大型肉食性动物。在森林中，有90%的净生产是以食物碎食方式被消耗的。第三，寄生性食物链。寄生性食物链由宿主和寄生物构成。它是由较大的生物逐渐到较小的生物，以大型动物为食物链的起点，继之以小型动物、微型动物、细菌和病毒。后者与前者是寄生性关系。例如，哺乳动物或鸟类—跳蚤—原生动物—细菌—病毒。第四，腐生性食物链。腐生性食物链以动、植物的遗体为食物链的起点，腐烂的动、植物遗体被土壤或水体中的微生物分解利用。后者与前者是腐生性关系。在生态系统中，各类食物链具有以下特点：第一，在同一条食物链中，常包含有食性和其他生活习性极不相同的多种生物。第二，在同一个生态系统中，可能有多条食物链，它们的长短不同，营养级数目不等。由于在一系列取食与被取食的过程中，每一次转化都有大量化学能变为热能消散。因此，自然生态系统中营养级的数目是有限的。在人工生态系统中，食物链的长度可以人为调节。第三，在不同的生态系统中，各类食物链的比重不同。第四，在任一生态系统中，各类食物链总是协同起作用。

2. 食物网

生态系统中的食物营养关系是很复杂的。由于一种生物常常以多种食物为食，而同一种食物又常常被多种消费者取食，于是食物链交错起来，多条食物链相连，形成了食物网。食物网不仅维持着生态系统的相对平衡，还推动着生物的进化，成为自然界发展演变的动力。一般来说，食物网越复杂，生态系统越稳定；食物网越简单，生态系统越不稳定。

3. 营养级和生态金字塔

营养级即食物链中的一个环节，它是指处于食物链同一环节上所有生物的总和。食物链指明了生物之间的纵向营养关系；而营养级则进一步指出了食物链各个环节的横向联系。所以，营养级与生产者、各级消费者是不同的概念，是从不同的角度划分的。营养级概念的建立，为生态系统中生物之间营养关系的研究和能量流分析提供了方便。绿色植物和所有的自养生物都位于食物链的起点，即第一环节，它们构成了第一营养级。所有以植物为食的动物，如初级消费者 —— 牛、兔、鼠、高嘴雀和蝗虫等都属于第二营养级，也称植食动物营养级。以植食动物为食的小型肉食动物，如次级消费者 —— 吃兔子的狐狸、捕食高嘴雀的雀鹰等为第三营养级。大型食肉动物，如三级消费者为第四营养级，以此类推。食物链有几个环节，就有几个营养级。由于环节数目是受到限制的，所以营养级的数目也不可能很多，一般限于 3 ~ 5 个。营养级的位置越高，归属于这个营养级的生物种类和数量就越少，当少到一定程度的时候，就不可能再维持另一个营养级中生物的生存了。很多动物往往难以依据它们的营养关系把它们放在某一个特定的营养级中，因为它们可以同时在几个营养级取食或随着季节的变化而改变食性，如螳螂既捕食植食性昆虫又捕食肉食性昆虫；野鸭既吃水草又吃螺虾。有些动物雄性个体和雌性个体的食性不相同，如雌蚊是吸血的，雄蚊只吃花蜜或植物汁液。还有一些动物，幼虫和成虫的食性也不一样，如大多数寄生昆虫的幼虫是肉食性的，而成虫则主要是植食性的。但为了分析的方便，生态学家常常依据动物的主要食性判定它们的营养级，因为在进行能流分析的时候，每一种生物都必须置于一个确定的营养级中。一般来说，离基本能源（即第一营养级中的绿色植物）越远的动物就越有可能对两个或更多的营养级中的生物捕食；离基本能源越近的营养级，其中的生物受到取食和捕食的压力也越大，因而这些生物的种类和数量也就越多，其生殖能力也越强，这样可以补偿因遭强度捕食而受到的损失。在每一个生态系统中，从绿色植物开始，能量沿着营养级转移流动时，每经过一个营养级数量都要大大减少。这是因为对各级消费者来说，其前一级的有机物中有一部分不适于食用或已被分解等原因未被利用。在吃下去的有机物中，一部分又作为粪便排泄掉，另一部分才被动物吸收利用。而在被吸收利用的那部分中，大部分用于呼吸代谢，维持生命，并转化成热量损失掉，只有少部分留下来用于同化，形成新的组织。因此，第二营养级，即植食性动物的产量，必然远小于第一营养级植物的产量。以此类推，第三营养级的产量远小于第二营养级的产量，第四营养级的产量远小于第三营养级的产量。后一营养级上的生产量远小于前一级，其能量转化效率大约为 10%，这就是林德曼提出的"十分之一定律"。于是，顺着营养级序列向上，生产量即能量急剧地、梯级般地递减，用图表示则得到"生产力金字塔"；有机体的个体数目一般也向上急剧递减构成"数目金字塔"；各营养级的生物量顺序向上递减构成生物量金字塔。总称"生态金字塔"。

第三节 生态环境保护的概念

生态环境保护的基本原理包括保护生态系统的整体性、保持生态系统的再生能力、保护生物多样性，以及着重解决重大生态环境问题。

（一）保护生态系统的整体性

生态系统整体性的内涵包括地域的连续性、物种多样性、生物组成协调性、环境条件的匹配性。

1. 地域的连续性

生物圈是地球上最大的生态系统，在这个囊括地球所有生物的循环系统中又包含无数个小的循环系统，它们彼此联系，相互依存。生态结构是生态系统的构成要素，也是系统中时间、空间分布以及物质、能量循环转移的途径，其包括平面结构、垂直结构、时间结构和食物链结构四种顺序层次，既独立又相互联系，也是系统结构的基本单元。生物分布地域的连续性是生态系统存在、维系、协调、构成生态系统结构整体性和稳定性的重要条件。由于人类开发利用土地的规模越来越大，将原来连续成片的野生生物的生境切割成一块块越来越小的处于人类包围中的"小岛"，形成易受干扰和破坏的岛状生境，造成生境破碎化，破坏生态系统的完整性的同时也加速了物种灭绝的进程。生境破碎化，使原有的整片生境形成了许多斑块生境，对分布其中的物种的正常散布和移居活动产生了直接影响，减少了物种扩散和建立种群的机会。斑块面积越小，生境容纳量就越小。生境破碎化造成物种的部分生境丧失，种群原有生境面积减少，所能维持的平均物种个体数量随之降低。同时，种群扩散受到限制导致种群分布范围缩小，进而影响种群的未来发展动态。在生境破碎化过程中，常会留下像补丁一样的生境残片，称为斑块生境，当作用持续不断地加剧，斑块面积越来越小，斑块数据增加，原有斑块与那些高度改变的逆退景观相互隔离，并逐渐消失，发展成在生物地理学上所称的生境岛屿。而岛屿生境彼此隔离，缺乏与外界物质和遗传信息的交流，种群的扩散与繁衍，迁入和迁出模式都被改变，对干扰的恢复能力弱化。因此，岛屿生态系统是不稳定或脆弱的。

2. 物种多样性

物种（包括动物、植物、菌类、原生生物和原核生物，甚至病毒等所有物种）数量以及分布的清单是评价与保护物种多样性与生物多样性的基础。1943 年费舍尔等人认为物种多样性是群落内物种数目和每一个物种的个体数量。物种多样性反映一定区域内指动物、植物和微生物种类的丰富性。物种多样性是群落和生态系统功能复杂性和稳定性的重要量度指标。物种多样性有三个重要方面：组成多样性、结构多样性和功能的多样性。因此，保护物种多样性首先是保护一定区域内物种的丰富程度，度量方法有物种的总数、物种密度、特有种比例和物种稀有性等。同时还要保护物种均匀程度和种间性状差异性，也就是生态系统类型的多样性。生物组成种类繁多而均衡复杂的生态系统是最稳定的，因为其内部各种生物组成的食物链和食物网纵横交错，其中任何一个种群的兴盛与衰落，都可以由其他种群及时抑制或补偿，体现出系统自我调节和自我修复的能力。人工生态系统由于生物种类往往比较单一，其系统稳定性很差，容易因害虫入侵造成大面积的物种消亡，加上没有其他物种的抑制或生物阻隔作用而引发灾难性的后果。人类活动使全球环境剧烈变化，自然生态系统的退化严重威胁物种多样性，进而又威胁人类自身的生存和发展，形成恶性循环。例如，人类开发活动导致生境的破碎、土壤生物退化、动植物区系减少，遗传改良导致作物品种单一化、地方物种丧失，不科学的引种造成的外来种入侵致使土著生物灭绝等。

3. 生物组成的协调性

长期进化过程中，各种生物物种之间相生相克，通过互生、共生、竞争、捕食、寄生和拮抗等作用形成复杂而微妙的相互依存又相互排斥的关系。生物组成的协调性包括以下几个原理。协调原理：由于生态系统长期演化与发展的结果，在自然界中任一稳态的生态系统，在一定时期内均具有相应的协调内部结构和功能的能力。生物组成的协调性既包括功能上的协调性，也包括结构上的协调性，两者相辅相成。结构是完成功能的框架和渠道，直接决定与制约组成各要素间的物质迁移、交换、转化、积累、释放和能流的方向、方式与数量，决定功能及其大小，它是系统整体性的基础。例如，生态修复过程中对植物的配置，利用植物层间的混配与结合，形成高低错落、疏密有致的复层植物群落。尽力将各种各样的生物有机地组合在一起，宜草则草，宜树则树，各得其所，形成一个和谐、有序、稳定的环境植物群落。生态位分化原理：包括竞争排斥原理和生态位分化。生态位分化主要是指自然系统中一个种群在时间、空间上的位置及其与相关种群之间的功能关系。竞争排斥原理是指具有生态位相同或相近的两个物种不能占据同一个生态位，或者共存；如果两个物种占据同一个生态位，最终一个物种将会被另一个物种所取代。生态位重叠与竞争基本是正相关关系。生态位分离程度越大，共存的机会越大。在特定的生态区域内，自然资源是相对恒定的，合理运用生态位原理，可以构成一个具有多样化种群的稳定而高效的生态系统。合理通过生物种群优化匹配，利用其生物对环境的影响，充分利用有限资源，减少资源浪费，增加转化固定效率，是提高人工生态系统效益的关键。人工生态系统营造的过程中注重"乔、灌、草"结合，实际就是考虑到植物分层由上而下构建的复杂空间格局，加上丰富的层间植物，充分利用多层次空间生态位，使有限的环境资源得到最大限度地利用，增加生物产量和发挥防护效益的有效措施。植物多层次布局的同时，又相应产生众多的新的生态位，可以为动物（包括鸟、兽、昆虫等）、低等生物（真菌、地衣等）生存和生活的适宜生态位，使各种生物之间巧妙配合，既能够最大限度地充分利用原本有限的自然资源，又通过生物间的相生相克原理互相牵制，避免因"一家独大"而导致的生态灾难的发生，从而形成一个完整稳定的复合生态系统，发挥系统较高的生产服务功能。

4. 环境条件的匹配性

生物是环境的产物，生物体内的所有成分和营养均来自所处的自然环境，生物要不断地从所在的生境中摄取需要的养分。生物是所处环境的映射，环境是对生物生长、发育、生殖、行为和分布有影响的所有因子的综合。生境与环境之间通过不间断的物质输出与输入，相互依赖又相互改变。环境条件的匹配性包括以下几个原理。综合作用原理：即每一个生态因子都是在与其他因子的相互影响、相互制约中起作用的，任何因子的变化都会在不同程度上引起其他因子的变化。例如，土壤中水分含量的变化必然会引起土壤中好氧微生物与厌氧微生物比例的改变，进而引起各种土壤酶的活性含量发生变化。这种综合影响的作用往往与单因子影响有巨大的差异。主导生态因子原理：即对生物起作用的诸多因子是不等效的，其中有 1 ~ 2 个起主要作用的因子被称为是主导因子。主导因子的改变常会引起其他生态因子发生明显变化或使生物的生长发育发生明显变化。例如，光周期现象中日照时间的长短变化是诱发候鸟迁徙来变换栖息地的主导因子；越冬植物经过春化阶段才能促进花芽形成和花器发育，其中低温就是主导因子。生态因子不可替代性原理：生态因子虽非等价，但都不可缺少，一个因子的缺失不能由另一个因子来代替。例如，人体摄入维生素 D 不足，就会引起钙、磷代谢紊乱产生以骨骼病变为特征的佝偻病。但是有时候，某一因子的数量不足是可以由其他因子来补偿的。生态因子作用的直接性和间接性原理：在众多的生态因子中，直接参与生物生理过程或参与新陈代谢的因子属于直接因子，如光、温、水、土壤养分等，种子萌发时适宜的温度和水分就是直接因子。通过影响直接因子，从而对生物生长起作用的因子属于间接因子，如海拔、坡向、经纬度等。空间差异性原理：即使是同一种生态因子在空间上的分布也具有异质性。不同生态因子在空间分布上的差异则直接影响到生物的空间分布，如群落结构的时空格局包括复杂的水平格局和垂直格局。随着任一生态因子在空间上按顺序增强或者减弱，不同生态类型的植物按顺序排列的现象称为生态序列。例如，水生生态系统，在水体中间水深较大的地方出现金鱼藻、苦草等沉水植物，水稍浅时出现水葫芦、苦菜等浮水植物，接近岸边出现慈姑、香蒲等挺水植物；上岸后首先出现苔草等湿生植物，随着地形部位的变化进一步出现中生植物，甚至中旱生植物。这就是一个随水分条件控制的生态序列。种群密度制约及分布格局原理：在有限的环境中随着资源的消耗，种群增长率逐渐变慢，并趋向停止，在增长曲线上体现为"S"形，也就是自然种群常呈逻辑斯蒂增长。根据逻辑斯蒂方程，种群不可能在一个有限空间内长期地、持续地呈几何级数增长，随着种群增长及密度增加，对有限空间及其资源和其他生存繁衍的必需条件在种内竞争也将增加，必然影响种群增长率。达到在一个生态系统内环境条件允许的最大种群密度值，就称为环境容纳量。而当超过环境容纳量时，种群增长将成为负值，密度将下降。种群增长率是随着密度上升逐渐地按比例下降。即有限的环境空间条件下，种群密度是呈 S 形曲线，是对种群内自我调节的定量描述。

（二）保持生态系统的再生能力

自然生态系统的再生能力是由自我组织、自我设计、自我优化、自我调节、自我再生和自我繁殖等一系列机制构成，是生物为核心的最活跃最具生命力的系统特征，也是维护生态系统结构稳定、功能稳定及动态稳态的根本能力。生物在对环境长期适应的过程中，在生态系统自然演替的过程中，扮演着"工程师"的角色，通过设计，能很好地适应对系统施加影响的周围环境。同时系统也能经过操作，使周围的理化环境变得更为适宜。生态系统的自我组织或自我设计是系统通过反馈和负反馈作用，依照最小耗能原理，建立内部结构和生态过程，层层进化和演替的过程，是生态系统形成有序结构的内在动力。自我优化是具有自组织能力的生态系统，生态系统在发育过程中，向能耗最小、功率最大、资源分配和反馈作用分配最佳的方向进化的过程。自我组织系统有三个主要特征：第一，不断同外界环境交换物质和能量的开放系统。第二，由大量次级子系统所组成的宏观系统。第三，有自行演替的历史进程。低层次的子系统或元素一旦形成，就会出现原有层次所不具备的新性质。自组织过程就是子系统之间关系升级的过程。自然规律是不以人类的意志为转移的，人类的干预仅是提供系统一些组分间匹配的机会，其他过程则由自然通过选择和协同进化来完成。依据生态学原理，通过生物、生态以及工程的技术和方法，人为地改变和消除生态系统退化的主导因子或过程，调整、配置和优化系统内部及其与外界的物质、能量和信息的流动过程及其时空秩序，能使生态系统的结构、功能和生态学潜力成功地恢复并得以提高。保持生态系统的再生能力主要从以下七个方面：保护生境范围或寻求类似的替代生境；保持生态系统恢复或重建所必需的环境条件；保护多样性；保护优势种、建群种；保护居于食物链顶端的生物及生境；退化生态系统，应保证主要生态条件的改善；可持续的方式开发利用生物资源。

（三）保护生物多样性

生物多样性概念包含三个相互独立的属性：组成水平多样性，即单元的统一性和变异性；结构水平多样性，即物理组织或单元的格局；功能水平多样性，即生态和进化过程。生物多样性的总经济价值包含了它的可利用价值和非利用价值。可利用价值可以被进一步分成直接利用价值、间接利用价值和潜在价值。可利用价值即可能的利用价值，非利用价值主要是存在价值。生物多样性所提供的使用价值常常不能就地实现，而可能会通过某种通道。在空间上的流动，到达一个具备适当外部条件的地区，实现其使用价值。学者称这种现象为生物多样性价值在空间上的流动。生态系统稳定性包括抵抗力稳定性（即群落的抗干扰能力）和恢复力稳定性（群落受干扰后恢复到原来平衡状态的能力）。麦克亚瑟提出了群落的物种多样性与稳定性之间的关系，即生物多样性既是生态系统的关键组成成分和结构表现形式，又是功能正常发挥的保障，也是生态系统存在和演化的动力。生物多样性的丧失和退化必将导致环境的退化，引起生态系统结构和功能的退化，形成退化生态系统。

第四节 生态环境保护的基本原理

生态环境保护是功在当代、惠及子孙的伟大事业和宏伟工程。坚持不懈地搞好生态环境保护是保证经济社会健康发展、实现中华民族伟大复兴的需要。

（一）生态环境保护的指导思想

以实施可持续发展战略和促进经济增长方式转变为中心，以改善生态环境质量和维护国家生态环境安全为目标，紧紧围绕重点地区、重点生态环境问题，统一规划，分类指导，分区推进，加强法治，严格监管，坚决打击人为破坏生态环境行为，动员和组织全社会力量，保护和改善自然恢复能力，巩固生态建设成果，努力遏制生态环境恶化的趋势，为实现祖国秀美山川的宏伟目标打下坚实的基础。

（二）我国生态环境保护的基本原则

我国生态环境保护应坚持以下几个基本原则：第一，坚持生态环境保护与生态环境建设并举。在加大生态环境建设力度的同时，坚持保护优先、预防为主、防治结合，彻底扭转一些地区边建设边破坏的被动局面。第二，坚持污染防治与生态环境保护并重。应充分考虑区域和流域环境污染与生态环境破坏的相互影响和作用，坚持污染防治与生态环境保护统一规划，同步实施，把城乡污染防治与生态环境保护有机地结合起来，努力实现城乡环境保护一体化。第三，坚持统筹兼顾，综合决策，合理开发。正确处理资源开发与环境保护的关系，坚持在保护中开发，在开发中保护。经济发展必须遵循自然规律，近期与长远统一、局部与全局兼顾。进行资源开发活动必须充分考虑生态环境的承载能力，绝不允许以牺牲生态环境为代价，换取眼前的和局部的经济利益。第四，坚持谁开发谁保护，谁破坏谁恢复，谁使用谁付费的制度。要明确生态环境保护的权、责、利，充分运用法律、经济、行政和技术手段保护生态环境。

（三）我国生态环境保护的主要内容与要求

我国生态环境保护的主要内容及其要求主要有以下几点：

1. 重要生态功能区的生态环境保护

（1）建立生态功能保护区

江河源头区、重要水源涵养区、水土保持的重点预防保护区和重点监督区，江河洪水调蓄区、防风固沙区和重要渔业水域等重要生态功能区，在保持流域、区域生态平衡，减轻自然灾害，确保国家和地区生态环境安全等方面具有重要作用。对生态功能区的现有植被和自然生态系统应严加保护，通过建立生态功能保护区，实施保护措施，防止生态环境的破坏和生态功能的退化。在跨省域和重点流域、重点区域的重要生态功能区，建立国家级生态功能保护区；在跨地（市）和县（市）的重要生态功能区，建立省级和地（市）级生态功能保护区。

（2）生态功能保护区的保护措施

对生态功能保护区应采取以下保护措施：停止一切导致生态功能继续退化的开发活动和其他人为破坏活动；停止一切产生严重环境污染的工程项目建设；严格控制人口增长，区内人口已超出承载能力的应采取必要的移民措施；改变粗放生产经营方式，走生态经济型发展道路；对已经破坏的重要生态系统，要结合生态环境建设措施，认真组织重建与恢复，尽快遏制生态环境的恶化趋势。

（3）各类生态功能保护区的建立

由各级环保部门会同有关部门组成评审委员会评审，报同级政府批准。生态功能保护区的管理以地方政府为主，国家级生态功能保护区可由省级政府委派的机构管理，其中跨省域的由国家统一规划批建后，分省按属地管理；各级政府对生态功能保护区的建设应给予积极扶持；农业、林业、水利、环保、国土资源等部门要按照各自的职责加强对生态功能保护区管理、保护与建设的监督。

2. 重点资源开发的生态环境保护

第一，切实加强对水、土地、森林、草原、海洋、矿产等重要自然资源的环境管理，加强资源开发利用中的生态环境保护工作。各类自然资源的开发，必须遵守相关的法律法规，依法履行生态环境影响评价手续；资源开发重点建设项目，应编制上报水土保持方案，否则一律不得开工建设。第二，水资源开发利用的生态环境保护。水资源的开发利用要全流域统筹兼顾，生产、生活和生态用水综合平衡，坚持开源与节流并重，节流优先，治污为本，科学开源，综合利用。建立缺水地区高耗水项目管制制度，逐步调整用水紧缺地区的高耗水产业，停止新上高耗水项目，确保流域生态用水。在发生江河断流、湖泊萎缩、地下水超采的流域和地区，应停止新的加重水平衡失调的蓄水、引水和灌溉工程；合理控制地下水开采，做到采补平衡；在地下水严重超采地区，划定地下水禁采区，清理不合规的抽水设施，防止出现大面积的地下漏斗和地表塌陷。继续加大二氧化硫和酸雨控制力度，合理开发利用和保护大气、水资源；对于擅自围垦的湖泊和填占的河道，要限期退耕还湖还水。通过科学的监测评价和功能区划，规范排污许可证制度和排污口管理制度。严禁向水体倾倒垃圾和建筑、工业废料，进一步加大水污染特别是重点江河湖泊水污染治理力度；加快城市污水处理设施、垃圾集中处理设施建设。加大农业面源污染控制力度，鼓励畜禽粪便资源化，确保养殖废水达标排放，严格控制氮、磷严重超标地区的氮肥、磷肥施用量。第三，土地资源开发利用的生态环境保护。根据土地利用总体规划，实施土地用途管制制度，明确土地承包者的生态环境保护责任，加强生态用地保护，冻结征用具有重要生态功能的草地、林地、湿地。建设项目确需占用生态用地的，应严格依法报批和补偿，并实行"占一补一"的制度，确保恢复面积不少于占用面积。加强对交通、能源、水利等重大基础设施建设的生态环境保护监管，建设线路和施工场址要科学选比，尽量减少占用林地、草地和耕地，防止水土流失和土地沙化。加强非牧场草地开发利用的生态监管。大江大河上中游的陡坡耕地要按照有关规划，有计划、分步骤地实行退耕还林还草，并加强对退耕地的管理，防止复耕。第四，森林、草原资源开发利用的生态环境保护。对具有重要生态功能的林区、草原，应划为禁垦区、禁伐区或禁牧区，严格管护；已经开发利用的，要退耕退牧、育林育草，使其休养生息。启动天然林保护工程，最大限度地保护和发挥好森林的生态效益；要切实保护好各类水源涵养林、水土保持林、防风固沙林、特种用途林等生态公益林；对毁林、毁草开垦的耕地和造成的废弃地，要按照"谁批准谁负责，谁破坏谁恢复"的原则，限期退耕还林还草。加强森林、草原防火和病虫鼠害防治工作，努力减少林草资源灾害性损失；加大火烧迹地、采伐迹地的封山育林育草力度；加速林区、草原生态环境的恢复和生态功能的提高。大力发展风能、太阳能、生物质能等可再生能源技术，减少樵采对林草植被的破坏。第五，生物物种资源开发利用的生态环境保护。生物物种资源的开发应在保护物种多样性和确保生物安全的前提下进行。依法禁止一切形式的捕杀、采集濒危野生动植物的活动。严厉打击濒危野生动植物的非法贸易。严格限制捕杀和销售益虫、益鸟、益兽。鼓励野生动植物的驯养、繁育。加强野生生物资源开发管理，逐步划定准采区，规范采挖方式，严禁乱采滥挖。坚决制止在干旱、半干旱草原滥挖具有重要固沙作用的各类野生植物。切实搞好重要鱼类的产卵场、索饵场、越冬场、洄游通道和重要水生生物及其生境的保护。加强生物安全管理，建立生物活体及其产品的进出口管理制度和风险评估制度。对引进外来物种必须进行风险评估，加强进口检疫工作，防止国外有害物种进入国内。第六，海洋和渔业资源开发利用的生态环境保护。海洋和渔业资源开发利用必须按功能区划进行，做到统一规划，合理开发利用。切实加强海岸带的管理，严格围垦造地建港、海岸工程和旅游设施建设的审批，严格保护红树林、珊瑚礁、沿海防护林。加强重点渔场、江河出海口、海湾及其他渔业水域等重要水生资源繁育区的保护，严格渔业资源开发的生态环境保护监管。加大海洋污染防治力度，逐步建立污染物排海总量控制制度；加强对海上油气勘探开发、海洋倾废、船舶排污和港口的环境管理，逐步建立海上重大污染事故应急体系。第七，矿产资源开发利用的生态环境保护。严禁在生态功能保护区、自然保护区、风景名胜区、森林公园内采矿。严禁在崩塌滑坡危险区、泥石流易发区和易导致自然景观破坏的区域采石、采砂、取土。矿产资源的开发利用必须严格规划管理，开发应选取有利于生态环境保护的工期、区域和方式，把开发活动对生态环境的破坏减少到最低限度。矿产资源开发必须防止次生地质灾害的发生。在沿江、沿河、沿湖、沿库、沿海地区开采矿产资源，必须落实生态环境保护措施，尽量减少和避免对生态环境的破坏。已造成破坏的，开发者必须限期恢复。已停止采矿或关闭的矿山、坑口，必须及时做好土地复垦。第八，旅游资源开发利用的生态环境保护。旅游资源的开发必须明确环境保护的目标与要求，确保旅游设施建设与自然景观相协调。科学确定旅游区的游客容量，合理设计旅游线路，使旅游基础设施建设与生态环境的承载能力相适应。加强自然景观、景点的保护，限制对重要自然遗迹的旅游开发；从严控制重点风景名胜区的旅游开发，严格限制索道等旅游设施的建设规模与数量，对不符合规划要求的设施，要限期拆除。旅游区的污水、烟尘和生活垃圾处理，必须实现达标排放和科学处置。

3. 生态良好地区的生态环境保护

第一，生态良好地区特别是物种丰富区是生态环境保护的重点区域，要采取积极的保护措施，保证这些区域的生态系统和生态功能不被破坏。在物种丰富、具有自然生态系统代表性、典型性、未受破坏的地区，应抓紧抢建一批新的自然保护区。要把横断山区、新青藏接壤高原山地、湘黔川鄂边境山地、浙闽赣交界山地、秦巴山地、滇南西双版纳、海南岛和东北大小兴安岭、三江平原等地区列为重点，分期规划建设为各级自然保护区。对西部地区有重要保护价值的物种和生态系统分布区，特别是重要荒漠生态系统和典型荒漠野生动植物分布区，应抢建一批不同类型的自然保护区。第二，重视城市生态环境保护。在城镇化进程中，要切实保护好各类重要生态用地。大中城市要确保一定比例的公共绿地和生态用地，深入开展园林城市创建活动，加强城市公园、绿化带、片林、草坪的建设与保护，大力推广庭院、墙面、屋顶、桥体的绿化和美化。严禁在城区和城镇郊区随意开山填海、开发湿地，禁止随意填占溪、河、渠、塘。继续开展城镇环境综合整治，进一步加快能源结构调整和工业污染源治理，切实加强城镇建设项目和建筑工地的环境管理，积极推进环保模范城市和环境优美城镇的创建工作。第三，加大生态示范区和生态农业县建设力度。鼓励和支持生态良好地区，在实施可持续发展战略中发挥示范作用。进一步加快县（市）生态示范区和生态农业县建设步伐。在有条件的地区，应努力推动地级和省级生态示范区的建设。

（四）生态环境保护的对策与措施

1. 加强领导和协调，建立生态环境保护综合决策机制

主要包括：①建立和完善生态环境保护责任制；②积极协调和配合，建立行之有效的生态环境保护监管体系；③保障生态环境保护的科技支持能力；④建立经济社会发展与生态环境保护综合决策机制。

2. 加强法治建设，提高全民的生态环境保护意识

加强立法和执法，把生态环境保护纳入法治轨道。严格执行环境保护和资源管理的法律、法规，严厉打击破坏生态环境的犯罪行为。抓紧有关生态环境保护与建设法律法规的制定和修改工作，制定生态功能保护区生态环境保护管理条例，健全和完善地方生态环境保护法规和监管制度。认真履行国际公约，广泛开展国际交流与合作。认真履行《生物多样性公约》《国际湿地公约》《联合国防治荒漠化公约》《濒危野生动植物国际贸易公约》和《保护世界文化和自然遗产公约》等国际公约，维护国家生态环境保护的权益，承担与我国发展水平相适应的国际义务，为全球生态环境保护做出贡献。广泛开展国际交流与合作，积极引进国外的资金、技术和管理经验，推动我国生态环境保护的全面发展。加强生态环境保护的宣传教育，不断提高全民的生态环境保护意识。深入开展环境国情、国策教育，分级开展生态环境保护培训，提高生态环境保护与经济社会发展的综合决策能力。重视生态环境保护的基础教育、专业教育，积极搞好社会公众教育。在城市动物园、植物园等各类公园，要增加宣传设施，组织特色宣传教育活动，向公众普及生态环境保护知识。进一步加强新闻舆论监督，表扬先进典型。

第二章 环境监测与评价

第一节 环境监测基础理论

一、环境监测的基本概念

环境监测是环境科学的一个重要分支学科。环境监测是一门研究、测定环境质量的学科，也是为了特定的目的，利用物理的、化学的和生物的方法，通过对影响环境质量因素的代表值的测定、监视和监控，确定环境质量（或者污染程度）及其变化趋势的学科。但是判断环境质量，仅对某一污染物进行某一地点、某一时刻的分析测定是不够的，因此必须对各种有关污染因素、环境因素在一定空间、时间内进行测定，分析综合测定数据，才能对环境质量做出确切的评价。随着环境科学的发展以及新问题的不断出现，环境监测的含义也在不断扩展。一方面，监测对象由污染源扩展到整个生态系统；另一方面，随着监测技术和监测方法的更新，环境监测也向微观和宏观两个方向发展。环境监测的过程一般为：确定目的→现场调查并收集所需资料→制定监测方案→优化布点→样品收集→运送保护→分析测试→数据处理→综合评价等。

二、环境监测的目的和分类

（一）环境监测的目的

环境监测的目的是准确、及时、全面地反映环境质量现状及其发展趋势，为污染控制、环境评价、环境规划、环境管理等提供科学依据。具体内容有以下几点：

（1）检验和判断环境质量是否合乎国家规定的环境质量标准，并预测环境质量变化趋势。

（2）根据污染特点、分布情况和环境条件，追踪污染源，研究和提供污染变化趋势，为实现监督管理、控制污染提供依据。

（3）收集环境本底数据，积累长期监测资料，为保护人类健康和合理使用自然资源，以及准确掌握环境容量、实施总量控制、目标管理提供数据。

（4）研究环境污染因子扩散模式，为新污染源的评价和环境预报提供依据。

（5）为制定环境法规、标准、环境评价、环境规划、环境污染综合防治对策提供依据。

（二）环境监测的分类

环境监测可按照其监测目的或者监测介质对象进行分类，也可按照专业部门或者监测区域进行分类。

1. 按监测目的分类

（1）监视性监测监视性监测又称例行监测、常规监测，它是对制定的有关项目进行定期的、长时间的监测，以确定环境质量及污染源状况，评价控制措施的效果，衡量环境标准实施情况和环境保护工作的进展。这也是环境监测工作中量最大、面最广的工作。监视性监测包括对污染源的监督监测和环境质量监测。对污染源的监督监测主要是针对主要污染物进行定时、定点的监测，从而反映污染源污染负荷变化的某些特征量，并可粗略地估计污染源排放污染物的负荷，如污染物浓度、排放总量、污染趋势等。环境质量监测是指环境监测机构对环境质量状况进行监视和测定的活动，通过对环境质量因素代表值的测定以确定环境质量的高低和环境污染状况，通过不间断地收集资料，用以评价环境污染的现状、污染变化趋势，以及环境改善所取得的进展等，从而确定一个区域、一个国家的污染状况。例如，对所在地区的空气、水体、噪声、固体废物等监督监测。

（2）特定目的监测（或特例监测）特定目的监测又称特例监测。根据特定目的，环境监测又可以分为污染事故监测、纠纷仲裁监测、考核验证监测、咨询服务监测。①污染事故监测污染事故监测指在发生污染事故特别是突发性环境污染事故时进行的应急监测，往往需要在最短的时间内确定污染物的种类，对环境和人类的危害，污染因子扩散方向、速度和危害范围，查找污染发生的原因，为控制污染事故提供科学依据。这类监测常采用流动监测（车、船等）、简易监测、低空监测、遥感等手段。②纠纷仲裁监测纠纷仲裁监测指主要针对污染事故纠纷、环境执法过程中所产生的矛盾进行的监测，为执法部门、司法部门仲裁提供公证数据。纠纷仲裁检测应由国家指定的权威部门进行。

③考核验证监测考核验证监测包括人员考核、方法验证、新建项目的环境考核评价、排污许可证制度考核监测，"三同时"项目验收监测，污染治理项目竣工时的验收监测。④咨询服务监测咨询服务监测指为政府部门、科研机构、生产单位提供的服务性监测。如建设新企业应进行环境影响评价，需要按照评价要求进行监测。

（3）研究性监测（或科研检测）研究性监测又称科研检测，是指针对特定目的的科学研究而进行的监测。通过监测了解污染机理，弄清污染物的迁移转化规律，研究环境受到污染的程度。因研究性监测涉及的学科较多，遇到的问题较为复杂，所以需要较高的科学技术知识和周密的计划，一般需多学科相互协作方能完成。

2. 按监测介质对象分类

按监测介质对象分类，环境监测可以分为水质监测、空气监测、土壤监测、固体废物监测、生物监测、噪声和振动监测、电磁辐射监测、放射性监测、热监测、光监测、卫生（病原体、病毒、寄生虫等）监测等。

3. 按专业部门分类

按专业部门进行分类，环境监测可以分为气象监测、卫生监测、资源监测等。

4. 按监测区域分类

按监测区域进行分类，环境监测可以分为厂区监测和区域监测。

三、环境监测的特点及质量保证

（一）环境监测的特点

环境监测就其对象、手段、时间和空间的多样性、污染组分的复杂性等，可以归纳为三个特点。

1. 环境监测的综合性

环境监测的综合性表现在以下几点：①监测手段综合性。包括化学、物理、生物、物化及生物、物理等一切可以表征环境质量的方法。②监测对象综合性。包括空气、水体、土壤、固体废物、生物等，③对监测数据进行统计处理、综合分析时，为阐明数据内涵，必须涉及该地区的自然和社会各个方面情况。

2. 环境监测的连续性

因为环境污染具有时间性和空间性，只有坚持长期测定，才能从大量的数据中揭示其变化规律，预测其变化趋势；数据越多，预测的准确度越高。而且，监测网络和监测点位的选择一定要科学、有代表性，而且必须长期坚持监测。

3. 环境监测的追溯性

环境监测是一个复杂而又有联系的系统，每一个环节进行得好坏都会直接影响最终的监测数据的质量。所以，为使监测结果具有一定的准确度，并使数据具有可比性、代表性和完整性，需要有一个量值追溯体系予以监督，即建立环境监测的质量保证体系。

（二）环境监测的质量保证

环境监测的质量保证是指为保证监测数据的准确性、精密性、代表性、完整性以及可比性而采取的措施。其内容包括制定监测计划，确定监测指标和数据质量要求；规定相应的监测系统，进行合格监测实验室及相关人员的技术培训，编写有关文件、指南、手册等。环境监测质量控制是环境监测质量保证的一部分，包括实验室内部质量控制和外部质量控制两个方面。实验室内部质量控制是指实验室自我控制质量的常规程序，它能反映分析质量稳定性情况，以便及时发现分析中的异常，随时采取相应的校正措施。外部质量控制由常规监测以外的中心监测站或其他有经验的人员来执行，以便对数据质量进行独立评价。各实验室可以从中发现所存在的系统误差等问题，以便及时校正、提高监测质量。一个实验室或一个国家是否开展质量保证活动，是表征该实验室或国家环境监测水平的重要标志。

第二节　环境监测技术

环境监测技术是在现代分析化学测试技术和手段的基础上发展起来的，用于研究环境污染物的性质、来源、含量、分布状态和环境背景值，其具有灵敏、准确、精密、选择性好、操作简便和连续自动的特点。环境监测技术多种多样。从监测过程看，环境监测技术包括采样技术、样品预处理技术、测试技术和数据处理技术；从技术角度看，环境监测技术又可以分为微观和宏观两个方面。本节主要以污染物的测试技术为主进行概述。

一、主要的环境监测技术

（一）化学分析法

化学分析法是以特定的化学反应为基础测定待测物质含量的方法，包括质量分析法和容量分析法。其主要特点是准确度高，相对误差一般小于 0.2%；仪器设备简单，价格便宜，但灵敏度低。化学分析法常用于对环境样品中污染物的成分分析及其状态与结构的分析，适用于常量组分测定，不适用于微量组分测定。

1. 质量分析法

质量分析法是用准确称量的方法来确定试样中待测组分含量的分析方法。通常先用适当的方法使待测组分从试样中分离出来，然后通过准确的称量，由称得的质量确定试样中待测组分的含量。质量分析法主要适用于大气中总悬浮颗粒、降尘量、烟尘、生产性粉尘，以及废水中悬浮固体、残渣、油类、硫酸盐、二氧化硅等的测定。随着称量工具的改进，质量分析法得到一定的发展，如近几年用微量测重法测定大气中的飘尘等。

2. 容量分析法

容量分析法又称滴定分析法，具体有酸碱滴定、氧化还原滴定、沉淀滴定、配位（络合）滴定等方法。选择合适的指示剂，可以减小滴定误差，这是滴定分析中的关键问题。容量分析法具有操作方便、快速、准确度高、应用范围广、费用低等特点；但是其灵敏度较低，所以不能测定浓度太低的污染物。

（二）仪器分析法

仪器分析法是根据污染物的物理和物理化学性质进行分析的方法，可分为光学分析法、电化学分析法、色谱分析法等。仪器分析法的特点是灵敏度高，适用于微量、痕量甚至是超微量的组分的测定；选择性强；响应速度快，容易实现连续自动测定；可以和有些仪器联用。其缺点是仪器的价格比较高，设备比较复杂。

1. 光学分析法

（1）分光光度法 分光光度法又称吸收光谱法，是通过测定特定波长的光的物质的吸收度，以此对物质进行定性和定量的分析。其基本原理符合朗伯－比尔定律。该方法的优点在于仪器简单，操作简单，灵敏度高，测定成分广等，可以用于测定金属、非金属、无机化合物和有机化合物。

（2）原子吸收分光光度法 原子吸收分光光度法又称原子吸收光谱法，是在待测元素的特征波长下，通过测量样品中待测元素基态原子对特征谱线的吸收程度，以确定其含量的一种方法。该方法的优点在于灵敏度高，选择性好，抗干扰能力强，操作简单、快速，结果准确，测定范围广，仪器简单，适合测定环境中痕量金属污染物。

（3）发射光谱分析法 发射光谱分析法又称为原子发射光谱法，它是在高压火花或电弧激发下，使原子发射特征光谱，根据各元素特征谱线可以作定性分析，而谱线强度则可以作定量测定。该方法的优点在于样品用量少，选择性好，不需要化学分离便可以同时测定多种元素；缺点在于不宜分析个别试样，并且设备复杂，定量条件要求高。

（4）荧光分析法 当某些物质受到紫外光照射时，可以发射各种颜色和强度的可见光，而停止照射时，上述可见光也随之消失，这种光线称为荧光。用于荧光分析法的仪器是荧光分光光度计。根据发出荧光物质不同，荧光分析法可以分为分子荧光分析法和原子荧光分析法。分子荧光分析是根据分子荧光强度与待测物浓度成正比的关系，对待测物进行定量测定的方法。原子荧光分析是根据测量待测元素的原子蒸气在一定波长的辐射的激发下所产生的荧光发射强度与基态原子数目成正比关系，对待测元素进行定量、定性分析。荧光分析法的优点在于设备简单，灵敏度高，光谱干扰少，工作曲线线性范围宽，可同时测定多种元素。

2. 电化学分析法

电化学分析法是建立在物质在溶液中的电化学性质基础上的一类仪器分析方法，根据被测物质溶液的各种电化学性质来确定其组成及含量。电化学分析法的优点在于灵敏度高，准确度高，测量范围宽，设备简单，价格低廉，容易实现自动化和连续分析；但是电化学分析法选择性较差。根据测量的电学量的不同，电化学分析法可分为电位分析法、电导分析法、电解与库仑分析法、阳极溶出分析法和极谱分析法。

3. 色谱分析法

色谱分析法又称色谱法、层析法，它是利用物质的吸附能力、溶解度、亲和力、阻滞作用等物理性质的不同，对混合物中各组分进行分离、分析。色谱分离有流动相和固定相，根据流动相的不同，色谱分析法可以分为气相色谱分析法和液相色谱分析法；液相色谱分析法又可以分为高效液相色谱分析法、离子色谱分析法、纸层析法、薄层层析法。其中最常用的就是气相色谱分析法和高效液相色谱分析法两种方法。

（1）气相色谱分析法指利用气化后的被测物质在气相流动相里分配系数的差异，被测物质在固定相和流动相间进行反复多次分配，各组分依次离开色谱柱，利用产生的信号分析和测定各组分。气相色谱分析法具有灵敏度高，分离效能高，快速，应用广，样品用量少，能与多种仪器联用的优点，其已被广泛应用于环境监测。

（2）高效液相色谱分析法又称高压液相色谱分析法、高速液相色谱分析法等。它是一种以液体为流动相，采用高压输液系统，同样利用待分离物质在流动相中存留时间的差异，经过多次分配，各组分依次流出色谱柱，进入检测器进行检测分析。高效液相色谱分析法具有分析速度快、分离效率高、操作自动化等优点；并且待分离物质不需要气化，大大扩展了其应用范围，但仪器价格较贵。

（三）生物监测方法

生物监测法又称生态监测法，是利用动植物在污染环境中所产生的各种反应信息来判断环境质量的方法，是一种最直接也是反映环境综合质量的方法。生物监测主要通过生物对环境的反应来显示污染对生物的影响，从而直观地掌握环境污染物是否有害于环境。生物监测技术多种多样，主要有指示生物法、现场盆栽定点监测法、群落和生态系统监测法等，其中群落和生态系统监测法又包括污水生物系统法、微型生物群落法、生物指数法等。

二、环境监测技术的发展动向

当前的环境监测技术在朝着标准化、痕量化、自动化、便携化、数据处理计算机化方向发展，许多新技术的应用已经大大地提高了环境监测的分析能力。例如，电感耦合等离子体原子发射光谱法用于对无机污染物的 20 多种元素的分析；在有机污染物的分析方面，气相色谱－质谱联用技术用于对挥发性有机化合物和半挥发性有机化合物及氯酚类、有机氯农药、有机磷农药、多环芳烃、二英类、多氯联苯和持久性有机污染物的分析。"3S"技术的发展与应用也可以从宏观方面对一个地区的污染分布情况进行监测。其中遥感是监测全球环境变化的最重要的技术手段。在获取空间数据方面，可以充分利用北京、广州和乌鲁木齐等 3 个气象卫星地面站接收的气象卫星（NOAA、我国风云一号 Fy-1 等）数据。"3S"技术是指遥感技术、地理信息系统和全球定位系统的统称，是空间技术、传感器技术、卫星定位与导航技术和计算机技术、通信技术相结合，多学科高度集成的对空间信息进行采集、处理、管理、分析、表达、传播和应用的现代信息技术。前两个"S"通过遥感接收、传送；后一个"S"对地面的计算机图像图形和属性数据的处理。整体"3S"系统要经过地面和卫星遥感通信联成计算机网络。卫星遥感技术可应用于空气污染扩散规律研究、水体污染监测、海洋污染监测、城市环境生态与污染监测、环境灾害监测，还可提供沙漠化进程、土地盐渍化和水土流失的情况、生态环境恶化状况，以及工业废水和生活污水对水体的污染、石油对海洋的污染等基本状况和发展程度的数据和资料，还可获取生态环境变化的基本数据和图像资料。

第三节　环境质量评价

环境质量是环境科学的一个非常重要的学科，环境质量评价是环境科学的一个主要学科分支。人类社会的发展已经大大地影响了地球的自然生态系统，随着文明、技术的发展，人们越来越重视因为环境质量所带来的生存问题。随着人类对可持续发展的关注，人们开始关注人类社会影响下的环境质量问题，以及如何评价环境质量变化的问题。

一、基本概念

环境质量指环境质量是指在一个具体的环境内，环境的总体或环境的某些要素对人类以及社会经济发展的适宜程度。环境质量是环境系统客观存在的一种本质属性，并能用定性和定量的方法加以描述的环境系统所处的状态。环境质量评价可以说是评价环境质量的价值，是对环境优劣所进行的一种定量描述，即按照一定的评价标准和评价方法对一定区域范围内的环境质量进行说明、评定和预测。因此，要确定某地的环境质量必须进行环境质量评价。我国环境质量评价往往以国家规定的环境标准或污染物在环境中的本底值作为依据。随着社会的进步、技术经济的发展，环境质量评价不仅仅研究污染物对环境质量的影响，而且会研究到环境舒适度的问题。

二、环境质量评价的类型

根据国内外对环境质量的研究，可以按照时间、环境要素、空间等不同方法对环境质量评价进行分类，见表1。

表1 环境质量评价分类类型

划分依据	评价类型
时间	环境质量回顾评价、环境质量现状评价、环境质量预测（影响）评价
环境要素	大气环境质量评价、水体环境质量评价、土壤环境质量评价、生物环境质量评价、环境噪声评价、多要素的环境质量综合评价
空间	城市环境质量评价、流域（区域）环境质量评价、海域环境质量评价、风景旅游区环境质量评价、单项工程环境质量评价

环境质量评价的分类，可以指导在实际工作中不同类型评价的评价重点和评价方法，对环境质量评价的评价精度、评价时效均有实际意义。从时间角度上看，环境质量评价可以分为环境质量回顾评价、环境质量现状评价、环境质量预测评价。

（一）环境质量回顾评价

环境质量回顾评价是对区域内过去一定历史时期的环境质量，根据历史资料进行回顾性的评价。通过对环境背景的社会特征、自然特征以及污染源的调查，来分析了解环境质量的演变过程，弄清引起环境问题的各种原因和形成机理。

（二）环境质量现状评价

环境质量现状评价一般是根据 3 ~ 5 年间的环境监测资料进行的用以阐明环境污染现状的评价。环境质量现状评价的结论能成为区域环境污染综合防治的科学依据。

（三）环境质量预测评价（又称环境质量影响评价）

环境质量预测评价是对新的开发活动给环境质量带来的影响进行的评价。我国相关法律规定，新建、改建、扩建的大中型项目在开工建设之前必须进行环境影响评价，并要求编制相应的环境影响评价报告书。

三、环境质量现状评价

近几十年的全球环境质量的不断恶化，环境质量的日趋严重，引起各国对环境问题的高度重视，同时这也极大地促进了环境科学相关学科的发展。环境质量现状评价是对评价区域以及周围地区的污染物及相关资料进行现场考察、污染物监测和污染源调查，说明环境现状，并得出拟建项目的环境本底值，为开展环境质量影响评价提供资料。

（一）环境质量现状评价的程序

环境质量现状评价的工作内容很多，其具体内容取决于评价项目的评价目的、要求及评价要素。但总体上来说，环境质量现状评价的程序如下：

（1）确定评价对象、评价区域范围，以确定评价目的，并根据评价目的确定评价精度。

（2）进行环境背景调查、污染源调查、环境污染现状监测。这是掌握环境基本特征的素材，要求准确并具有代表性。

（3）根据调查资料和监测数据进行统计分析和整理，选定评价参数和评价标准。

（4）建立符合地区环境特征的计算模式并进行评价。

（5）做出评价结论并提出综合防治环境污染的建议。环境质量现状评价的工作等级一般分为三个等级，其中一级评价最详细，二级次之，三级最略。在进行评价之前，就要根据评价目的等要求判断评价的工作等级，再进行环境质量评价工作。

（二）环境质量现状评价的内容和方法

1. 环境质量现状评价的内容

环境质量现状评价的内容包括：环境背景调查与评价、污染源调查与评价、环境污染现状的调查与评价。

（1）环境背景调查与评价环境背景调查与评价的内容可分为自然环境特征和社会环境特征两个方面。自然环境特征的内容包括：区域的地理位置、地形、地貌，气象和气候（风向、风速、大气稳定度等），水文（河流水位、流速、流量、降水、地下水类型、海水运动状态等），土壤（类型、剖面类型等），生物（陆地和水生生物种类、形态特征、生态习性及其分布等）。社会环境特征的内容包括区域内城镇和村落的分布和功能分区、人口密度、经济结构、资源、能源和城乡发展规划等，可以通过收集有关资料进行统计分析，必要时进行实地观测。环境背景调查与评价就是查明此要素的环境本底值及其变化和相关性，并对其与环境质量的关系作出判断。

（2）污染源调查与评价污染源调查与评价就是通过调查、监测和分析研究，确定调查范围内污染源的类型及其污染物；找出污染物的自然扩散和人工排放的方式、途径、特点和规律等，并按其对环境的影响程度，筛选出主要污染源和污染物。污染源调查的内容应根据调查目的和具体调查对象来确定。如工业污染源调查的内容一般包括企业环境状况、企业基本情况、污染物排放和治理、污染危害及生产发展情况等；生活污染源调查的内容包括城市居民人口、燃料、用水、排水和垃圾处置等。其中污染源调查中最主要的是各种污染物排放量的调查，其方法有物料平衡法、现场实测法和排污系数（经验估算）法。污染源调查所取得的数据都是以污染物排放浓度或排放量的形式给出的。为了比较各污染源对环境影响的大小，以确定主要污染源和主要污染物，需对调查数据进行"标化"处理，并对污染源进行评价。污染源评价方法很多，主要的评价方法有等标污染负荷法、污染物排放系数法和等标排放量法。其中等标污染物负荷法应用较多。根据等标污染物负荷法，首先求出污染物（1,2,,L,n）的等标污染负荷 P_i，即

$$P_i = G_i / S_i$$

式中 G_i——某种污染物的年排放量，t/a；S_i——某种污染物的评价标准，对水为 mg/L，对气体为 mg/m³。求出污染源（j=1,2,L,m）的等标污染物负荷 P_j 和评价区的总等标污染物负荷 F，然后求出某污染物和某污染源的等标污染物负荷百分比（分担率），即

$$K_i = P_i / P \times 100\%$$
$$K_i = P_j / P_j \times 100\%$$

再按大小依次排列，从而确定出主要污染物和主要污染源。

（3）环境污染现状的调查与评价通过布点采样和资料收集获得环境质量信息，并根据这些信息对环境质量做出定性和定量结论，进而确定环境的污染程度。

2. 环境质量现状评价的方法

环境质量现状评价的方法是在环境污染调查和监测的基础上，选定评价因子，建立评价指标体系及其计算模型，划分环境质量评价的等级，并绘制环境质量评价的工作程序图。常用的环境质量现状评价的方法有：环境污染评价方法，包括单因子评价指数法和综合指数法；生态学评价方法，包括植物群落评价法、动物群落评价法、水生生物评价法；景观评价方法，包括调查分析法、民意测验法和认知评判法。环境质量现状评价中最常用的是单因子评价指数法和综合指数法。单因子评价指数是反映单一污染物对环境产生等效的影响的程度或对环境质量的影响程度，以污染物排放实测浓度与该污染物的环境标准的比值来表示：

$$I_i = C_i / C_{s,i}$$

式中 I_i —— i 污染物的污染指数；I_i —— i 污染物的实测浓度，mg/L；$C_{s,i}$ —— i 污染物的评价标准，mg/L。

单因子评价指数只能代表单个环境因子的环境质量，不能反映环境要素以及环境综合质量的全貌，但其单因子评价法是其他环境质量指数方法的基础。

综合指数表示多项污染物对环境产生的综合影响程度，以单因子评价指数为基础，通过多种数学关系（如求算数平均值、求加权的权重值等）综合求得，用以评价单要素环境的环境质量。

求得环境质量指数后，要根据指数值的大小确定环境质量优劣的等级，即环境质量分级。环境质量分级的基本依据是对环境质量的危害程度。一般将环境质量划分为清洁、轻污染、中度污染、重污染、极重污染等五个等级。评价标准应以环境质量标准为依据，并符合当地生态环境部门对该区域的环境控制目标的要求。

第四节　环境影响评价

环境影响评价是在全球范围内较普及的成熟的环境保护制度，是世界各国为了人类赖以生存环境的可持续发展，针对本国特色制定的环境保护法律制度。环境影响评价是一种预测型的环境质量评价，是对一个建设项目区域开发利用及国家政策实施后，可能对环境带来的影响所做的预测性研究。环境影响评价一般分为对自然环境的影响和对社会环境的影响两个方面。

一、环境影响评价基础

（一）基本概念

环境影响是指人类活动对环境的作用和导致的环境变化以及由此引起的对人类社会和经济的效应。环境影响包括人类活动对环境的作用和环境对人类社会的反作用，这两方面的作用有可能是有益的，也可能是有害的。环境影响评价是指对规划和建设项目实施后可能造成的环境影响进行分析、预测和评估，提出预防或者减轻不良环境影响的对策和措施，进行跟踪监测的方法与制度。环境影响评价制度是国家通过立法确立的调整和规范环境评价活动的一种法律制度。这种制度具有强制执行力，任何组织、机构、团体和个人都不得违反，否则就要承担相应的法律责任。

（二）我国环境影响评价制度特点

随着我国环境影响评价研究的不断深入，同时借鉴外国的经验，并结合我国的实际情况，逐渐形成了具有我国特色的环境影响评价制度。其特点主要表现在以下几方面。

1. 具有法律强制性

我国环境影响评价制度是《中华人民共和国环境保护法》和《中华人民共和国环境影响评价法》明令规定的一项制度，其以法律形式确定下来必须遵照执行，具有不可违抗的强制性。《中华人民共和国环境影响评价法》明确了环境影响评价制度中各涉及单位的法律责任，包括规划编制机关、规划审批机关，建设单位、建设项目审批部门、环境影响评价机构、环境保护行政主管部门及其他相关部门等单位应承担的法律责任。

2. 纳入基本建设程序

我国建设项目环境影响评价工作开展的时间较长，建设项目环境管理程序通过法律规定纳入基本建设程序，对项目实行统一管理，这是我国独有的管理模式。我国法律明确规定了对未经环境保护主管部门批准环境影响报告书的建设项目，不予办理设计任务书的审批手续，土地管理部门不办理征地手续，银行不予贷款。这样就更加具体地把环境影响评价制度结合到基本建设的程序中去，使其成为建设程序中不可缺少的环节。因此，环境影响评价制度在项目前期工作中有较大的约束力。

3. 实行分类管理与分级审批

为了适应我国的具体国情和体制，提高环境影响评价管理审批效率，我国实行环境影响评价的分类管理和分级审批。

（1）分类管理国家根据建设项目对环境的影响程度，对建设项目的环境影响评价实行分类管理。建设单位应当根据分类管理要求，分别组织编制环境影响报告书、环境影响报告表或者填报环境影响登记表。《建设项目环境保护管理条例》规定，国家根据建设项目对环境的影响程度，对建设项目的环境保护实行分类管理。建设项目对环境可能造成重大影响的，应当编制环境影响报告书，对建设项目产生的污染和对环境的影响进行全面、详细地评价；建设项目对环境可能造成轻度影响的，应当编制环境影响报告表，对建设项目产生的污染和对环境的影响进行分析或者专项评价；建设项目对环境影响很小的，不需要进行环境影响评价的，应当填报环境影响登记表。《建设项目环境影响评价分类管理名录》中将建设项目分成具体的 23 个大类，包括水利、农、林、牧、渔、地质勘察、煤炭、电力、石油、天然气、黑色金属、有色金属、金属制品、非金属矿采选及制品制造、机械、电子、石化、化工、医药、轻工、纺织化纤、公路、铁路、民航机场、水运、城市交通设施、城市基础设施及房地产、社会事业与服务业、核与辐射等。这种分类不仅考虑建设项目对环境的影响大小，而且按建设项目所处环境的敏感性质和敏感程度，确定建设项目环境影响评价的类别，并对其实行分类管理。

（2）分级审批为进一步加强和规范建设项目环境影响评价文件审批，提高审批效率，明确审批权责，根据《中华人民共和国环境影响评价法》等有关规定，国家环境保护总局（今生态环境部，下同）颁布了《建设项目环境影响评价文件分级审批规定》，要求建设对环境有影响的项目，不论投资主体、资金来源、项目性质和投资规模，其环境影响评价文件均应确定分级审批权限。

4. 实行环境影响评价机构资质管理

为加强建设项目环境影响评价管理，提高环境影响评价工作质量，维护环境影响评价行业秩序，根据《中华人民共和国环境影响评价法》和《中华人民共和国行政许可法》的有关规定，以及环境保护部（今生态环境部）颁布的《建设项目环境影响评价资质管理办法》等。凡接受委托为建设项目环境影响评价提供技术服务的机构，应当按照《建设项目环境影响评价资质管理办法》的规定申请建设项目环境影响评价资质，经国家环境保护总局审查合格，取得"建设项目环境影响评价资质证书"后，方可在资质证书规定的资质等级和评价范围内从事环境影响评价技术服务。

（三）我国环境影响评价的原则

《中华人民共和国环境影响评价法》规定了环境影响评价的基本原则：环境影响评价必须客观、公正、公平，综合考虑规划或者建设项目实施后对各种环境因素及其所构成的生态系统可能造成的影响，为决策提供科学依据。环境影响评价作为我国一项重要的环境管理制度，在组织实施中必须坚持可持续发展战略和循环经济的理念，严格遵守环境影响评价的基本原则。除此之外，环境影响评价还应该遵循以下的技术原则：

（1）符合国家的产业政策、环保政策和法规。

（2）符合流域、区域功能区划、生态保护规划和城市发展总体规划，布局合理。

（3）符合清洁生产的原则。

（4）符合国家有关生物化学、生物多样性等生态保护的法规和政策。

（5）符合国家资源综合利用的政策。

（6）符合国家土地利用的政策。

（7）符合国家和地方规定的总量控制要求。

（8）符合污染物达标排放和区域环境质量要求。

（四）环境影响评价的重要性

1. 保证建设项目选址和布局的合理性

合理的经济布局是保证环境与经济持续发展的前提条件，而不合理的布局则是造成环境污染的重要原因。环境影响评价是从所在地区的整体出发，考察建设项目的不同选址和布局对区域整体的不同影响，并进行比较和取舍，选择最有利的方案，保证建设项目选址和布局的合理性。

2. 指导环境保护措施的设计

一般建设项目的开发建设活动和生产活动都要消耗一定的资源，给环境带来一定的污染与破坏，因此必须采取相应的环境保护措施。环境影响评价是针对具体的开发建设活动或生产活动，综合考虑活动特点和环境特征，通过对污染治理措施的技术、经济和环境认证，可以得到相对合理的环境保护对策和措施，指导环境保护措施的设计，强化环境管理，使因人类活动而产生的环境污染或生态破坏程度最小。

3. 为区域社会经济发展提供导向

环境影响评价可以通过对区域的自然条件、资源条件、社会条件和经济发展状况等进行综合分析，掌握该地区的资源、环境和社会承载能力等状况，从而对该地区发展方向、发展规模、产业结构和布局等做出科学的决策和规划，以指导区域活动，从而实现可持续发展。

4. 推进科学决策与民主决策进程

环境影响评价是从决策的源头考虑环境的影响，并要求开展公众参与，充分征求公众的意见，其本质是在决策过程中加强科学认证，强调公开、公正，对我国决策民主化、科学化具有重要的推进作用。

5. 促进相关环境科学技术的发展

环境影响评价涉及自然科学和社会科学的众多领域，包括基础理论研究和应用技术开发。环境影响评价工作中遇到的问题，必然是对相关环境科学技术的挑战，进而推动相关环境科学技术的发展。

二、环境影响评价程序

环境影响评价程序是指按一定的顺序或步骤指导完成环境影响评价工作的过程，其实质是由一系列程序和方法组合而成的。它是一项法律制度，并不等同于环境影响评价文件。环境影响评价程序一般分两种：环境影响评价管理程序和环境影响评价工作程序。环境影响评价管理程序主要用于指导环境影响评价工作的监督与管理；环境影响评价工作程序主要用于指导环境影响评价工作的具体实施。

（一）环境影响评价管理程序

我国执行的环境影响评价管理程序是管理部门监督环境影响评价工作的重要方法，其具体内容如下：

（1）项目建议书批准后，建设单位应根据《建设项目环境影响分类管理名录》，确定建设项目环境影响评价类别，以委托或招标方式确定单位，开展环境影响评价工作。对《建设项目环境影响分类管理名录》中没有列出的建设项目类型，建设单位应向有审批权的环境保护行政主管部门申报，由环境保护行政主管部门根据分类管理原则确定该建设项目的评价类型并书面通知建设单位。建设单位按上述要求开展环评工作。

（2）应编制环境影响报告书的项目需要编写环境影响评价大纲，应编制环境影响报告表的项目不编写评价大纲。环境影响评价大纲由建设单位上报有审批权的环境保护行政主管部门，同时抄报有关部门。有审批权的环境保护行政主管部门负责组织对评价大纲的审查。经审查批准后的评价大纲作为环境影响评价的工作和收费依据。

（3）建设单位根据环境保护行政主管部门对评价大纲的意见和要求，与评价单位签订合同开展工作。

（4）环境影响报告书、报告表编制完成后，由建设单位报有审批权的环境保护行政主管部门审批，同时抄报有关部门。建设项目有行业主管部门的，由行业主管部门组织环境影响报告书、报告表的预审，有审批权的环境保护行政主管部门参加预审；建设项目无行业主管部门的，其环境影响报告书、报告表由有审批权的环境保护行政主管部门组织审批。

（5）有水土保持方案的建设项目，其水土保持方案必须纳入环境影响报告书。水行政主管部门应在报告书预审时完成对水土保持方案的审查。

（6）海洋工程、海岸工程的环境影响报告书，海洋行政主管部门应会同负责预审的行业主管部门，在预审时完成涉及海洋环境影响部分的审核，并签署意见；建设项目无行业主管部门的，审核工作可在有审批权的环境保护行政主管部门审查环境影响报告书时，同时完成。

（7）建设项目的环境影响报告书、报告表必须由具有国家生态环境部颁发的"环境影响评价资格证书"单位编写。对填写环境影响登记表的单位无资格要求。评价单位"环境影响评价资格证书"规定工作范围内有水土保持的，可编制水土保持方案，不另设水土保持的环境影响评价资格证书。

（8）经审查通过的建设项目，环境保护行政主管部门做出予以批准的决定，并书面通知建设单位。对不符合条件的建设项目，环境保护行政主管部门做出不予批准的决定，书面通知建设单位，并说明理由。环境保护行政主管部门在收到环境影响报告书60日内，收到环境影响报告表30日内，环境影响登记表15日内做出审批决定并书面通知。

（二）环境影响评价工作程序

环境影响评价工作程序一般分为三个阶段：第一阶段为准备阶段，第二阶段为工作阶段，第三阶段为编制环境影响评价文件阶段。

（三）环境影响评价工作等级划分

评价工作等级是对环境影响评价工作深度的划分。建设项目各环境要素专项评价原则上应划分工作等级，一般可划分为三级：一级评价对环境影响进行全面、详细、深入评价，二级评价对环境影响进行较为详细、深入评价，三级评价可只进行环境影响分析。评价工作等级划分的依据如下：

（1）建设项目特点（包括工程性质、规模、能源与资源的使用、主要污染物种类、源强、排放方式等）。

（2）项目所在地的环境特征（包括自然环境、生态和社会环境状况、环境功能、环境敏感程度等）。

（3）国家或地方的有关法律法规（包括环境质量标准、污染物排放标准等）。对于某一具体建设项目，其评价工作等级可根据建设项目所处区域敏感程度、工程污染或生态影响特征及其他特殊要求等情况进行适当调整。但调整的幅度不超过一个工作等级，并应说明调整的具体理由。

三、环境影响评价方法

环境影响评价方法就是对调查收集的资料、数据、信息、情况等所做的研究、管理、鉴别的过程，以实现量化或形象直观地描述评价结果为目的所采用的方法。这些方法按照其功能大致分为影响识别法、影响预测方法、影响综合评估方法。在这里对环境影响综合评估方法进行介绍。环境影响综合评估是将开发活动可能导致的各主要环境影响综合起来，即对定量预测的各种影响因子进行综合，从总体上评估环境影响的大小。主要方法有列表清单法、矩阵法、网络法、图形叠置法、质量指标法、环境预测模拟模型法等。并且随着地理信息系统的发展，基于地理信息平台的综合评估越来越受到重视。

（一）图形叠置法

图形叠置法是把两个或更多的环境特征、生态信息重叠表示在同一张图上，构成一份复合图，用以在开发行为影响所及的范围内，指明被影响的环境特性及影响的相对大小。图形叠置法最早由美国生态规划师麦克哈格提出，其适用于确定公路线路的建设方案。图形叠置法的具体实施步骤为：

（1）用透明纸作为底图，在图上标出开发项目的位置及受影响的地区范围。

（2）在底图上描出植被现状、动物分布或其他受影响因子的特征。

（3）给出每个影响因子影响程度的透明图。

（4）将影响因子图和底图重叠，用不同色彩和色度表示不同的影响和影响程度。该方法直观性强、易于理解，适用于空间特征明显的开发活动。手工叠图可能会因为评价因子过多，使得颜色过于杂乱，不易识别；而图形叠置法正好可以克服手工叠图的缺点。

（二）矩阵法

矩阵法是把开发行为和受影响的环境特征或条件组成一个矩阵，在开发行为和环境影响之间建立起直接因果关系，说明哪些行为影响到哪些环境特征，并指出影响的大小。矩阵法可以分为关联矩阵法和迭代矩阵法两大类。关联矩阵法做法是：①横轴列出开发行为；②纵轴列出受影响的环境要素；③列出每一种开发行为对每一个环境要素影响的等级及权重；④统计出开发行为对环境要素的总影响。迭代矩阵法做法是：①列出所有的开发行为和受影响的环境因素；②将两份清单合成一个关联矩阵（肯定的用●表示，可能的用○表示）；③给定每一个影响的权重值；④进行迭代（影响可忽略的用□表示，影响难以评价的用？表示，影响不可忽略的用！表示）。

（三）地理信息系统的应用

地理信息系统是以地理空间数据库为基础，对空间相关数据进行采集、存储、管理、描述、检索、分析、模拟、显示和应用的计算机系统。因其强大的数据分析能力，地理信息系统越来越多地被应用于环境影响评价、选址及环境影响预测模型当中。

四、环境影响评价文件的编制

根据建设项目环境影响评价分类管理的要求，建设项目环境影响评价文件分为环境影响报告书、环境影响报告表和环境影响登记表。

（一）环境影响报告书的编制

环境影响报告书编制原则是全面、客观、公正地反映环境影响评价的全部工作；文字简洁、准确，图表要清晰，论点明确。环境影响报告书编写的时候必须符合以下编制要求：环境影响报告书的编排结构符合《建设项目环境保护管理条例》，内容全面，重点突出，实用性强；基础数据可靠；预测模式及参数选择合理；结论观点明确，客观可信；语句通顺，条理清晰，文字简练；附带评价资格证书，署名及盖章。建设项目的类型不同，对环境的影响差别很大，环境影响报告书的编制内容也就不相同，但是基本格式、内容相差不大。根据《中华人民共和国环境影响评价法》规定，建设项目编制环境影响报告书的典型编排格式如下：

（1）总则：包括项目由来，编制依据，评价因子与评价标准，评价范围及环境保护目标，相关规划及环境功能区划，评价工作等级和评价重点，资料引用。

（2）建设项目概况：包括建设规模、生产工艺简介、原料、燃料及用水量、污染物的排放量清单、建设项目采取的环保措施、工程影响环境因素分析。

（3）工程分析：包括工程概况、工艺流程及产污环节分析、污染物分析、清洁生产水平分析、环保措施方案分析、总图布置方案分析。

（4）环境现状调查与评价：包括自然环境调查、社会环境调查、评价区大气环境质量现状调查、地面水环境质量现状调查、地下水质现状调查、土壤及农作物现状调查、环境噪声现状调查、评价区内人体健康及地方病调查、其他社会经济活动污染、破坏环境现状调查、建设项目污染源评估、评价区内污染源调查与评价。

（5）环境影响预测与评价：包括大气环境影响预测与评价，水环境影响预测与评价，噪声环境影响预测与评价，土壤及农作物环境影响分析，对人群健康影响分析，振动及电磁环境影响分析，对周围地区的地质、水文、气象可能产生的影响。

（6）环境风险评价：包括风险识别、评价等级及范围、风险类型、事故概率分析、事故发生对环境的影响、环境风险防范措施、应急预案等。

（7）环境保护措施及其经济、技术论证：包括"三废"及噪声治理措施分析、环保投资估算等。

（8）污染物排放总量控制：包括总量控制因子、总量控制建议等。

（9）环境影响经济损益分析：包括环境保护费用、环境保护效益、环境影响经济损益分析等。

（10）环境管理与环境监测：包括环境管理、环境监测计划等。

（11）方案比选：包括产业政策符合性分析、规划符合性分析、总平面布置合理性分析、环境容量分析、环境风险分析等。

（12）清洁生产分析和循环经济：包括本项目清洁生产分析、清洁生产措施等。

（13）公众意见调查：包括征求公众意见的范围、次数、组织形式、反对意见处理情况的说明等。

（14）环境影响评价结论：包括建设项目内容、规划符合性分析、环境现状、清洁生产、拟建工程污染物产生及治理情况、环境影响预测与评价、环境风险评价、建设项目的环境可行性、总结论。

（15）附录和附件：主要有建设项目建议书及其批复、附图等。

（二）环境影响评价报告表

环境影响评价报告表要求附环境影响评价资质证书及评价人员情况。环境影响评价报告表的填写内容包括建设项目基本情况，建设项目所在地自然环境和社会环境简况。环境质量状况，评价适用标准，建设项目工程分析，项目主要污染物产生及预计排放情况，环境影响分析，建设项目拟采取的防治措施及预期治理效果，结论与建议。

（三）环境影响登记表

建设项目环境影响登记表一式四份，登记内容包括项目基本情况，项目内容及规模，原辅材料及主要设施规格、数量，水及能源消耗量，废水排水量、排放去向及受纳水体，周围环境简况，与项目相关的污染源情况，拟采取的防治污染措施，当地环境部门审查意见等。

第五节　生态环境影响评价

一、生态环境影响评价中的相关概念

（一）生态学

生态学是德国生物学家海克尔（E.H.Haeckel）提出的一个概念，即生态学是研究生物体与其周围环境（包括非生物环境和生物环境）相互关系的科学。生态学的研究对象很广，从个体的分子到生物圈，但主要包括个体、种群、群落、生态系统和生物圈等五个层次。

（二）生态系统

生态系统是生命系统与非生命系统（环境）在特定空间组成的具有一定结构与功能的系统，包括水、气、光、声、温度、土壤生物等全部环境要素。小的生态系统联合成大的生态系统，简单的生态系统联合组成复杂的生态系统，而最大、最复杂的生态系统就是生物圈。它是生态影响评价的基本对象特点物质循环能量流动整体性，系统的开放性，区域分异性，动态变化性。

（三）生物量

生物量是指某一时间单位面积或体积栖息地内所含一个或一个以上生物种，或所含一个生物群落中所有生物种的总个数或总干重（包括生物体内所存食物的重量）。

（四）生态因子

生态因子指环境中对生物的生长、发育、生殖、行为和分布有着直接或间接影响的环境要素，主要包括光照、水分、温度、大气、土壤、火和生物因子等七大类。

（五）植被覆盖率

植被覆盖率通常是指植物面积占土地总面积之比，一般用百分数表示。通常用植物茎叶对地面的投影面积计算。

（六）生物多样性

生物多样性是指在一定时间和一定地区所有生物（动物、植物、微生物）物种及其遗传变异和生态系统的复杂性总称。它包括植物、动物和微生物的所有种及其组成的群落和生态系统，分为遗传（基因）多样性、物种多样性、生态系统多样性和景观多样性四个层次。

（七）种群

种群是指在同一时期内占有一定空间的同种生物个体的集合，其具有空间特征、数量特征和遗传特征。

（八）生物群落

生物群落指是指在一定时间内、一定空间的分布各物种的种群集合，包括动物、植物、微生物等各个物种的种群，共同组成生态系统中有生命的部分；也可以说，一个生态系统中具生命的部分即生物群落。

（九）优势种

对群落结构和群落环境的形成有明显控制作用的植物种称为优势种。优势层的优势种常称为建群种。

（十）空间异质性

空间异质性是指生态学过程和格局在空间分布上的不均匀性及其复杂性。

（十一）生态演替

生态演替指在同一地段上生物群落有规律的更替过程，也就是随着时间的推移，一个生态系统类型被另一个生态系统类型代替的过程。

（十二）环境承载能力

环境承载能力是指在一定时期内，在维持相对稳定的前提下，环境资源所能容纳的人口规模和经济规模的大小。

（十三）生态监测

生态监测指利用各种技术，测定和分析生命系统各层次对自然或人为作用的反应或反馈效应的综合表征，来判断和评价这些干扰对环境产生的影响、危害及其变化规律。生态监测为环境质量的评估、调控和环境管理提供科学依据。

（十四）生物监测

生物监测利用生物个体、种群或群落的状况和变化及其对环境污染或变化所产生的反应，阐明环境污染状况，从生物学角度为环境质量的监测和评价提供依据。

（十五）生态环境影响评价的概念

生态环境影响评价指通过定量揭示和预测人类活动对生态影响及对人类健康和经济发展的作用，分析确定一个地区的生态负荷和环境容量。并提出减少影响或改善生态环境的策略和措施。通过对科学预测的生态环境影响进行评价，评价影响的性质和影响程度、影响的显著性，以决定行止；评价生态影响的敏感性和主要受影响的保护目标，已决定保护的优先性；评价资源和社会价值的得失，以决定取舍。生态环境影响评价的内容主要包括水利、矿业、农业、林业、牧业、铁路、公路等工程、旅游等行业的开发利用，自然资源和海洋及海岸带开发，对生态环境造成影响的建设项目和区域开发项目环境影响评价中的生态影响评价。

二、生态环境影响评价的基本工作流程

（一）生态环境影响评价原则

1. 坚持重点与全面相结合的原则

生态环境影响评价既要突出评价项目所涉及的重点区域、关键时段和主导生态因子，又要从整体上兼顾评价项目所涉及的生态系统和生态因子在不同时空等级尺度上结构与功能的完整性。

2. 坚持预防与恢复相结合的原则

预防为主，恢复、补偿为辅。恢复、补偿等措施必须与项目所在地的生态功能区划的要求相适应。

3. 坚持定量与定性相结合的原则

生态影响评价应尽量采用定量方法进行描述和分析，当现有科学方法不能满足定量需要或因其他原因无法实现定量测定时，生态环境影响评价可通过定性或类比的方法进行描述和分析。

（二）生态环境影响评价的步骤

第一，环境影响评价委托工作。联系业主，收集营业执照，确定企业名称；收集主管部门关于同意项目开展前期工作的批复、审批、核准或项目备案通知书，确定项目名称、建设规模及内容。第二，研究国家和地方相关环境保护的法律法规、政策、标准及相关规划等；依据相关规定确定环境影响评价文件类型查询项目的国家产业政策符合性（产业结构调整指导目录）、行业准入条件、发展规划和环境功能区规划；查分级审批管理办法及咨询当地环保局，确定行政审批机关，以确定报告编制深度；查询《建设项目环境保护管理条例》《建设项目环境影响评价分类管理名录》，确定报告类型（即确定编制环境影响报告书或环境影响评价报告表）。第三，收集和研究项目相关技术文件和其他相关文件，进行项目的初步工程分析和初步环境状况调查。根据收集的可行性研究资料和其他有关技术资料进行初步工程分析，明确建设项目的工程组成；根据工艺流程确定排污环节和主要污染物，同时进行建设项目环境影响区的初步环境现状调查。第四，环境影响因素识别和评价因子的筛选，明确评价重点结合初步工程分析结果和环境现状资料。可以识别建设项目的环境影响因素，筛选主要的环境影响评价因子，明确评价重点。（污染物特征性和保护目标敏感性）第五，确定工作等级、评价范围、评价标准，建设项目各环境要素专项评价原则上应划分工作等级，一般可划分为三级。一级评价对环境影响进行全面、详细、深入的评价，二级评价对环境影响进行较为详细、深入的评价，三级评价可只用来进行环境影响分析（划分依据及方法等可参看《环境影响评价技术导则》）。按各专项环境影响评价技术导则的要求，确定各环境要素和专题的评价范围；未制定专项环境影响评价技术导则的，根据建设项目可能影响范围确定环境影响评价范围。当评价范围外有环境敏感区的，应适当外延。根据评价范围各环境要素的环境功能区划，确定各评价因子所采用的环境质量标准及相应的污染物排放标准。有地方污染物排放标准的，应优先选择地方污染物排放标准；国家污染物排放标准中没有限定的污染物，可采用国际通用标准；生产或服务过程的清洁生产分析采用国际发布的清洁生产规范性文件。第六，制定工作方案。拟定环评资料清单（交付业主）；确定资质单位；根据确认好的企业名称和项目名称，起草环评执行标准建议函、环评第一次公示、公众参与调查表及汇总表，以及本项目所需的证明手续，如安全、水土保持、林业和文物保护等证明手续（交付业主）。第七，勘查现场及资料收集。联系业主，约定勘查现场时间、地点；提前做好车票预订、食宿安排、勘查设备、交付业主的资料等准备工作；进场后，做好环境现状调查，重点调查外环境保护目标并绘制外环境草图、拍摄现场照片（东南西北4个方位，同方位3张以上照片），收集编制报告所需绝大部分资料。整理现场收集纸质及影像资料，绘制外环境关系及监测布点图，编制完成监测方案（交付业主或监测站）第八，进行环境现状评价和进一步的工程分析。在进行充分的环境现状调查、监测的基础上开展环境质量现状评价，之后根据污染源强度和环境现状资料进行建设项目的环境影响预测，评价建设项目的环境影响。如建设项目周围环境现状和工艺流程发生重大变故，则需重新识别环境影响因素和筛选评价因子。第九，各环境要素的环境影响预测与评价（包括各专题的环境影响分析与评价）。第十，提出环境保护措施、进行技术经济论证，根据建设项目的环境影响、法律法规和标准等的要求以及公众意愿，提出减少环境污染和生态影响的环境管理措施和工程措施。第十一，给出建设项目环境可行性的评价结论。要从与国家产业政策、环境保护政策、生态保护和建设规划的一致性，选址或选线与相关规划的相容性，清洁生产水平，环境保护措施、达标排放和污染物总量控制，公众意见等方面给出建设项目环境可行性的评价结论。

三、生态影响评价项目工程分析

（一）工程分析的基本内容

生态影响型项目工程分析的内容应结合工程特点，提出工程施工期和运营期的影响和潜在影响因素，可以量化的要给出量化指标。生态影响型项目工程分析应包括以下基本内容：工程概况：介绍工程的名称、建设地点、性质、规模和工程特性，并给出工程特性表。工程的项目组成及施工布置：按工程的特点给出工程的项目组成表，并说明工程的不同时期的主要活动内容与方式。阐明工程的主要设计方案，介绍工程的施工布置，并给出施工布置图。施工规划：结合工程的建设进度，介绍工程的施工规划。对与生态环境保护有重要关系的规划建设内容和施工进度都要做详细介绍。生态环境影响源分析：通过调查，对项目建设可能造成生态环境影响的活动（如影响源或影响因素）的强度、范围、方式进行分析，能定量的要给出定量数据。如占地类型（湿地、滩涂、耕地、林地等）与面积，植被破坏量，特别是珍稀植物的破坏量，淹没面积，移民数量，水土流失量等均应给出量化数据。主要污染物与源强分析：项目建设中的主要污染物如废水、废气、固体废物的排放量和噪声发生源源强，须给出生产废水和生活污水的排放量和主要污染物排放量；废气给出排放源点位，说明源性质（固定源、移动源、连续源、瞬时源）主要污染物产生量；固体废物给出工程弃渣和生活垃圾的产生量；噪声则要给出主要噪声源的种类和声源强度。替代方案：介绍工程选址、选线和工程设计中就不同方案所做的比选工作内容，说明推荐方案理由。以便从环境保护的角度分析工程选址、选线推荐方案的合理性。

（二）工程分析技术要点

生态环境影响评价的工程分析一般要把握以下几点要求：

1. 工程组成完全

一般建设项目工程组成有主体工程、辅助工程、配套工程、公用工程和环保工程。因此，必须将所有的工程建设活动，无论临时的、永久的，施工期的或运营期的，直接的或相关的，都考虑在内。一般应有完善的项目组成表，明确的占地、施工、技术标准等主要内容。

2. 重点工程明确

主要造成环境影响的工程，都应作为重点的工程分析对象，明确其名称、位置、规模、建设方案、施工方案、运营方式等。一般还应将其所涉及的环境作为分析对象，因为同样的工程发生在不同的环境中，其影响作用是不相同的。

3. 全过程分析

一般可将全过程分为选址、选线期，设计方案、施工期、运营期和运营后期。选址、选线期在环境影响评价时一般已经过去，其工程分析内容体现在已给出的建设项目内容中。设计期与环境影响评价基本同时进行，环境影响评价工程分析中需与设计方案编制形成一个互动的过程，不断相互反馈信息，尤其要将环境影响评价发现的设计方案环境影响问题及时提出，还可提出建议修改的内容，使设计工作及时纳入环境影响评价内容。同时须及时了解设计方案的进展与变化，并针对变化的方案进行环境合理性分析。当评价中发现选址、选线在部分区域、路段或全线有重大环境不合理情况时，应提出合理的环境替代方案，对选址选线进行部分或全线调整。施工方案的介绍应特别关注一些特殊性问题。如可能影响环境敏感区的施工区段的施工方案分析，也须注意一些非规范性问题的分析；例如施工道路的设计，施工营地的设置等。施工方案在不同的地区应有不同的要求，例如在草原地带施工，机动车辆通行道路的规范化就是最重要的。运营期的运营方式需要很好地说明。例如，水电站的调峰运行情况，矿业的采掘情况等。此种分析除重视主要问题的分析说明外，还需关注特殊性问题，尤其是不同环境条件下特别敏感的工程活动内容。例如，旅游有季节性高峰问题，对高峰的工程设计和应急措施应明确。设备退役、矿山闭矿、渣场封闭等后期的工程分析，还需提出对未来的（后期的）污染

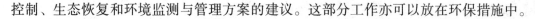

控制、生态恢复和环境监测与管理方案的建议。这部分工作亦可以放在环保措施中。

4. 污染源分析

明确主要产生污染的源，污染物类型、源强、排放方式和纳污环境等。污染源可能发生于施工建设阶段，也可能发生于运营期。污染源的控制与纳污环境功能密切相关，因此必须同纳污环境联系起来做分析。大多数生态影响型建设项目的污染源强较小，影响也较小，评价等级一般是三级。可以利用类比资料，并以充足的污染防治措施为主。

四、评价工作等级的划分以及评价范围的确定

（一）评价工作等级的划分

依据影响区域的生态敏感性和评价项目的工程占地（含水域）范围，包括永久占地和临时占地，将生态影响评价工作等级划分为一级、二级和三级。位于原厂界（或永久用地）范围内的工业类改扩建项目，可做生态影响分析。当工程占地（含水域）范围的面积或长度分别属于两个不同评价工作等级时，原则上应按其中较高的评价工作等级进行评价。改扩建工程的工程占地范围以新增占地（含水域）面积或长度计算。在矿山开采可能导致矿区土地利用类型明显改变，或拦河闸坝建设可能明显改变水文情势等情况下，评价工作等级应上调一级。

（二）评价工作范围的确定

确定生态环境影响评价范围的原则：

1. 生态因子之间互相影响和相互依存的关系是划定评价范围的原则和依据。非污染生态影响评价的范围主要根据评价区域与周边环境的生态完整性确定。

2. 对于一、二、三级评价项目，要以重要评价因子受影响的方向为扩展距离，一般不能小于 8 ~ 30km，2 ~ 8km 和 1 ~ 2km。

3. 对于陆上交通线路类建设项目评价范围按路线中轴线各向外延伸 300 ~ 500m。水上线路类中，江河类包括所经江河段的全河段及其沿江陆地；海上类主航线向两侧延伸 500m。

第三章　生态环境遥感监测技术

第一节　概　述

一、遥感监测

（一）遥感的基本概念

遥感技术是借助对电磁波敏感的仪器，在不与探测目标接触的情况下，记录目标物对电磁波的辐射、反射、散射等信息；并通过分析，揭示目标物特征、性质及其变化的综合探测技术。

遥感，顾名思义，就是从遥远的地方感知目标物，即远距离探测目标物的物性。传说中的"千里眼""顺风耳"就具有这样的能力。"遥"具有空间概念，从近地空间、外层空间甚至宇宙空间来获取目标物的空间信息。"感"指信息系统，包括信息获取和传输、信息加工处理、信息分析和可视化系统等。"目标物"，从狭义遥感看，指岩性、地层、构造、地貌、植被、矿产、能源、环境、灾害等实体和相关事件；从广义遥感来说，可以拓展到对星体的观测。"物性"，主要指物体对电磁辐射的特性，人们利用物体波谱特性差异达到识别物体的目的。

（二）遥感的物理学内涵

电磁波是遥感的物理基础。按波长由短至长，电磁波可分为 γ 射线、X 射线、紫外线、可见光、红外线、微波和无线电波。遥感探测所使用的电磁波波段是从紫外线、可见光、红外线到微波的光谱段。太阳发出的光也是一种电磁波。太阳光从宇宙空间到达地球表面必须穿过地球的大气层。太阳光在穿过大气层时，会受到大气层的吸收和散射影响，能量发生衰减。但是大气层对太阳光的吸收和散射影响与太阳光的波长有很大相关性。通常把太阳光透过大气层时透过率较高的光谱段称为大气窗口。大气窗口的光谱段主要有：微波波段，热红外波段，近紫外、可见光和近红外波段。

地面上的任何物体（即目标物），如土地、水环境、植被和人工构筑物等，在温度高于绝对零度的条件下，都具有反射、吸收、透射及辐射电磁波的特性。当太阳光从宇宙空间经大气层照射到地球表面时，地面物体就会对太阳光产生选择性的反射和吸收。由于每一种物体的物理和化学特性以及入射光的波长不同，因此它们对入射光的反射率也不同。各种物体对入射光反射的规律叫作物体的反射光谱。

遥感图像是通过远距离探测记录的地球表面物体在不同的电磁波波段所反射或发射的能量的分布和时空变化的产物。遥感图像的灰度值反映了地物反射和发射电磁波的能力，与地物的成分、结构等以及遥感传感器的性质之间存在着某种内在联系，这种内在联系可以用函数关系表达，即遥感图像模式。

（三）遥感技术系统

遥感技术系统是达成遥感观测目的的方法论、设备和技术的总称，现已成为一个从地面到高空的多维、多层次的立体化观测系统。研究内容包括遥感数据获取、传输、处理、分析应用以及遥感物理的基础研究等方面。

遥感技术系统主要有：①遥感平台系统，即运载工具，包括各种飞机、卫星、火箭、气球、高塔、机动高架车等；②传感仪器系统，如各种主动式和被动式、成像式和非成像式、机载的和星载的传感器及其技术保障系统；③数据传输和接收系统，如卫星地面接收站、用于数据中继的通信卫星等；④用于地面波谱测试和获取定位观测数据的各种地面台站网；⑤数据处理系统，用于对原始遥感数据进行转换、记录、校正、数据管理和分发；⑥分析应用系统，包括对遥感数据按某种应用目的进行处理、分析、判读、制图的一系列设备、技术和方法（见图 2-1）。

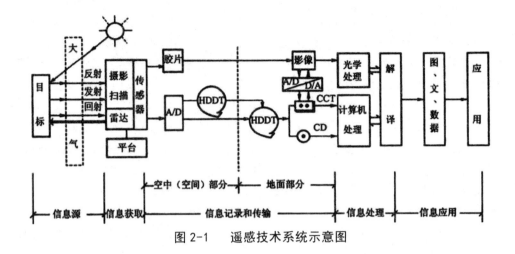

图 2-1　遥感技术系统示意图

（四）遥感技术类型划分

根据工作平台，遥感分为地面遥感、航空遥感（气球、飞机）、航天遥感（人造卫星、飞船、空间站、火箭）。地面遥感，即把传感器设置在地面平台上，如车载、船载、手提、固定或活动高架平台等；航空遥感，即把传感器设置在航空器上，如气球、航模、飞机及其他航空器等；航天遥感，即把传感器设置在航天器上，如人造卫星、宇宙飞船、外太空空间实验室等。

根据工作波段，遥感分为紫外遥感、可见光遥感、红外遥感、微波遥感和多谱段遥感。紫外遥感，探测波段在 $0.3 \sim 0.38\ \mu m$ 之间；可见光遥感，探测波段在 $0.38 \sim 0.76$ μm 之间；红外遥感，探测波段在 $0.76 \sim 14\ \mu m$ 之间；微波遥感，探测波段在 1 mm ~ 11 m 之间；多谱段遥感，利用几个不同的谱段同时对同一地物（或地区）进行遥感，从而获得与各谱段相对应的各种信息。将不同谱段的遥感信息加以组合，可以获取更多的有关物体的信息，有利于判别和分析。常用的多谱段遥感器有多谱段相机和多光谱扫描仪。

根据传感器接收电磁波的方式，遥感分为主动式遥感（微波雷达）和被动式遥感（航空航天、卫星）。主动式遥感，即由传感器主动地向被探测的目标物发射一定波长的电磁波，然后接受并记录从目标物反射回来的电磁波；被动式遥感，是指传感器不向被探测的目标物发射电磁波，直接接受并记录目标物反射太阳辐射或目标物自身发射的电磁波。

根据记录电磁波的方式，遥感分为成像方式遥感和非成像方式遥感。成像方式遥感能获取遥感对象图像；非成像方式遥感不能获取遥感对象图像，如扫描的辐射信号只能得到一些数据（曲线）而不能成像。

按成像方式，遥感分为摄影遥感和扫描方式遥感。摄影遥感是以光学摄影进行的遥感，扫描方式遥感是以扫描方式获取图像的遥感。

根据应用领域，遥感分为环境遥感、大气遥感、资源遥感、海洋遥感、地质遥感、

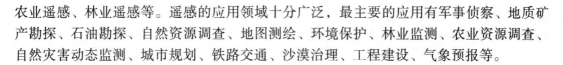

农业遥感、林业遥感等。遥感的应用领域十分广泛，最主要的应用有军事侦察、地质矿产勘探、石油勘探、自然资源调查、地图测绘、环境保护、林业监测、农业资源调查、自然灾害动态监测、城市规划、铁路交通、沙漠治理、工程建设、气象预报等。

（五）遥感技术特征

遥感作为一门对地观测综合性技术，它的出现和发展满足了人们认识和探索自然界的客观需要，有着其他技术手段无法比拟的优点。

1. 空间同步性

遥感探测能在较短的时间内，从空中乃至宇宙空间对大范围地区进行观测。这些信息拓展了人们的视觉空间，为宏观地掌握地面事物的现状创造了极为有利的条件，同时也为研究自然现象和规律提供了宝贵的第一手资料。这种先进的技术手段与传统的手工作业相比是不可替代的。遥感航摄飞机飞行高度为 10 km 左右，陆地卫星的轨道高度达 910 km 左右，在很大程度上扩大了数据获取范围。例如，一张陆地卫星图像，其覆盖面积可达 30 000 km² 以上。这种展示宏观景象的图像，对地球资源和环境的监测和分析极为重要。

2. 时相周期性

遥感获取信息的速度快、周期短。由于卫星围绕地球运转，从而能及时获取所经地区的各种自然现象的最新资料，以便更新原有资料，或根据新旧资料变化进行动态监测，这是人工实地测量和航空摄影测量无法比拟的。例如，陆地卫星每 16 天可覆盖地球一遍，美国国家海洋和大气管理局气象卫星单颗星每天能收到两次图像，每 30 分钟获得同一地区的图像。

遥感信息能动态反映地面事物的变化，遥感探测能周期性、重复地对同一地区进行观测，这有助于人们通过所获取的遥感数据，发现并动态地跟踪地球上许多事物的变化，同时研究自然界的变化规律。尤其是在监测天气状况、自然灾害、环境污染甚至军事目标等方面，遥感的运用就显得格外重要。

3. 信息综合性

遥感探测所获取的是同一时段、覆盖大范围地区的遥感数据，这些数据综合地展现了地球上许多自然与人文现象，反映了各种事物的形态与分布，真实地体现了地质、地貌、土壤、植被、水文、人工构筑物等地物的特征，全面揭示了地物之间的关联性。并且这些数据在时间上具有相同的现势性。

遥感获取信息的手段多、信息量大。根据不同的任务，可选用不同波段和遥感仪器获取信息。例如可采用可见光探测物体，也可采用紫外线、红外线和微波探测物体。利用不同波段对物体的穿透性不同的特点，还可获取地物内部信息，例如地面深层、水的下层、冰层下的水环境、沙漠下面的地物特性等。微波波段还可以全天候工作。

4. 技术高效性

遥感获取信息受条件限制少。在地球上有很多地方，自然条件极为恶劣，人类难以到达，如沙漠、沼泽、高山峻岭等。采用不受地面条件限制的遥感技术，特别是航天遥感，可方便、及时地获取各种宝贵资料。

5. 应用广泛性

目前，遥感技术已广泛应用于农业、林业、地质、海洋、气象、水文、军事、环保等领域。在未来十年中，遥感技术将步入一个快速、及时和准确提供多种对地观测数据的新阶段。遥感图像的空间分辨率、光谱分辨率和时间分辨率都会有极大的提高。其应用领域随着空间技术发展，尤其是地理信息系统和全球定位系统技术的发展，将会越来越广泛。

6. 经济与社会高效益性

遥感技术工作效率高、成本低、一次成像多方受益的特点体现在以下几个方面：

（1）遥感技术是基础地理信息的重要获取手段。遥感影像是地球表面的"相片"，真实地展现了地球表面物体的形状、大小、颜色等信息。这比传统的地图更容易被大众接受，因此影像地图已经成为重要的地图种类之一。

（2）遥感技术是获取地球资源信息的最佳手段。遥感影像上具有丰富的信息，多光谱数据的波谱分辨率越来越高，可以获取红光波段、黄光波段等。高光谱传感器也发展迅速，我国的环境小卫星也搭载了高光谱传感器。从遥感影像上可以获取包括植被信息、土壤墒情、水质参数、地表温度、海水温度、大气参数等丰富的信息。这些地球资源信息能在农业、林业、水利、海洋、环境等领域发挥重要作用。

（3）遥感信息为应急灾害提供第一手资料。遥感技术具有不接触目标情况获取信息的能力。在遭遇灾害的情况下，遥感影像使我们能够随时方便地获取灾害影响范围、程度等信息。在缺乏地图的地区，遥感影像甚至是我们能够获取的唯一信息。例如，汶川地震中，遥感影像在灾情信息获取、救灾决策和灾后重建中发挥了重要作用。

（六）遥感影像的特性参数

遥感影像的特性参数主要包括空间分辨率、光谱分辨率、辐射分辨率和时间分辨率。

1. 空间分辨率

空间分辨率（spatial resolution）又称地面分辨率。地面分辨率是针对地面而言的，指可以识别的最小地面距离或最小目标物的大小。空间分辨率是针对遥感器或图像而言的，指图像上能够详细区分的最小单元的尺寸或大小，或指遥感器区分两个目标的最小角度或线性距离的度量。它们均反映对两个非常靠近的目标物的识别、区分能力。

2. 光谱分辨率

光谱分辨率（spectral resolution）指遥感器接受目标辐射时能分辨的最小波长间隔。间隔越小，分辨率越高。所选用的波段数量的多少、各波段的波长位置及波长间隔的大小，这三个因素共同决定光谱分辨率。

光谱分辨率越高，专题研究的针对性越强，对物体的识别精度越高，遥感应用分析的效果也就越好，而多波段的数据分析可以改善识别和提取信息特征的概率和精度。但是，面对大量多波段信息以及其所提供的这些微小的差异，人们要直接地将它们与地物特征联系起来，综合解译是比较困难的。

3. 辐射分辨率

辐射分辨率（radiometric resolution）指探测器的灵敏度——遥感器感测元件在接收光谱信号时能分辨的最小辐射度差，或指对两个不同辐射源的辐射量的分辨能力。一般用灰度的分级数表示，即最暗至最亮灰度值（亮度值）间分级的数目——量化级数。它对于目标识别是一个很有意义的元素。

4. 时间分辨率

时间分辨率（temporal resolution）是关于遥感影像间隔时间的一项性能指标。遥感探测器按一定的时间周期重复采集数据，这种重复周期又称回归周期。它是由飞行器的轨道高度、轨道倾角、运行周期、轨道间隔、偏移系数等参数决定的。这种重复观测的最小时间间隔称为时间分辨率。

二、生态环境遥感监测指标和分类系统

土地利用/覆被、植被覆盖、森林资源、草地资源、水土流失、土地退化等是比较常用的生态环境评价指标。在这些指标中，最直观、最易判读且最能全面反映区域生态环境状况和成因的是土地利用/覆被，而且由土地利用/覆被指标可得到许多其他的指标，因此生态环境遥感监测的首选指标是土地利用/覆被。

目前，国内土地利用/覆被的分类系统主要有两大类（见表2-1）：一是国土资源部门使用的土地分类系统；二是中国科学院对全国土地利用遥感监测时使用的土地利用分类系统。

表2-1　国土资源部门和中国科学院使用的土地利用分类体系

一级类	国土资源部门分类二级类	中国科学院分类二级类
1 耕地	11 灌溉水田；12 望天田；13 水浇地；14 旱地；15 菜地	11 水田；12 旱地
2 园地	21 果园；22 桑园；23 茶园；24 橡胶园；25 其他园地	24 其他林地
3 林地	31 有林地；32 灌木林地；33 疏林地；34 未成林造林地	21 有林地；22 灌木林地；23 疏林地；24 其他林地
4 牧草地	41 天然草地；42 改良草地；43 人工草地	31 高覆盖草地；32 中覆盖草地；33 低覆盖草地
5 居民点及工矿用地	51 城镇；52 农村居民点；53 独立工矿；54 盐田；55 特殊用地	51 城镇用地；52 农村居民点；53 其他建设用地

6 交通用地	61 铁路；62 公路；63 农村道路；64 民用机场；65 港口和码头	53 其他建设用地
7 水域	71 河流水面；72 湖泊水面；73 水库水面；74 坑塘水面；75 苇地；76 滩涂；77 沟渠；78 水工建筑物；79 冰川及永久积雪	41 河渠；42 湖泊；43 水库坑塘；44 永久冰川雪地；45 滩涂；46 滩地
8 未利用地	81 荒草地；82 盐碱地；83 沼泽；84 沙地；85 裸土地；86 裸岩砾石地；87 田坎；88 其他	61 沙地；62 戈壁；63 盐碱地；64 沼泽地；65 裸土地；66 裸岩砾石地；67 其他

三、生态环境监测与评价主要流程

生态环境监测与评价主要流程（见图 2-2）包括影像准备、几何校正、解译、矢量数据处理、野外核查和分析编写报告六个阶段。

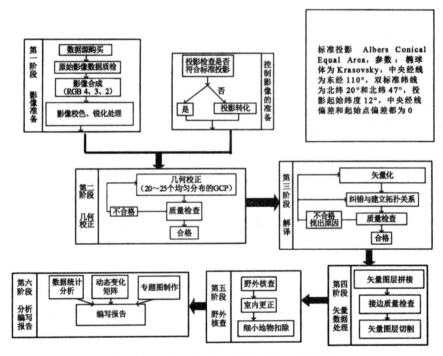

图 2-2　生态环境监测与评价主要流程

第二节　遥感影像选择

一、影像选择原则

（一）时相原则

我国生态监测时相，一般北方地区选择生长季，即 5—9 月，南方地区由于生长季植被特别茂密，难以区分，以 11 月至次年 3 月为主。以 Landsat TM 影像的选择为例，按照 row 号分：row 号在（21 ~ 32），时相为 6—9 月；row 号在（33 ~ 40），时相要求在历年 5—10 月；row 号在（40 ~ 47），时相要求在 10 月至次年 1 月；特殊地区如青藏高原时相要求在 6—9 月。采用其他卫星数据时，其时相与相应 Landsat TM 保持一致。

如果条件允许的话，可以根据地物生长的季相特征，配合选择不同季相的影像对地物进行更准确的识别，例如利用水田和旱地播种与收获的时间不同，选择相应时相的影像进行区分。再如可以根据落叶林和常绿林的特征，选择冬季和夏季时相的影像结合，可以很好地区分落叶林和常绿林。

（二）云量控制原则

单景影像平均云量小于 10%，但受人为干扰影响比较小的不易发生变化的区域，可适当放宽到 20%；同时受人为干扰影响比较大易发生变化的区域要求尽量没有云覆盖。

（三）经济原则

在满足生态环境遥感变化监测精度要求的情况下，尽量选择成本最低且影像质量较高的遥感数据。

二、影像选择

生态环境监测的空间尺度不同，需要采用空间分辨率不同的遥感影像。例如：全球性的酸雨、二氧化碳温室效应、海平面升降等，主要利用静止气象卫星图像；江河流域范围的水土流失、沙化和绿化、灾情、林火等，可兼用气象卫星和陆地卫星图像；局部地区的，诸如保护区、工厂污染、海湾赤潮、地震灾情等，可兼用卫星与航空遥感图像。

在利用遥感进行生态环境监测方面，遥感数据源并不是单一的，而应就其实用、经济、精度等方面综合考虑后进行选择，可以是一种遥感数据源，也可以是两种或者两种以上数据源的结合。在进行全球或是全国生态环境监测时，从经济角度考虑，MODIS 数据足够满足监测需要；而在进行流域或是局部地区监测时，低分辨率的遥感影像很难满足工作需要，这时就需要高分辨率的遥感图像，像 TM/ETM+ 遥感数据，甚至局部要选用 SPOT、IKONOS 或是 QuickBird 等。

（一）遥感数据类型选择

在一般的资源环境研究中，以采用光学系统为主的传感器采集的遥感信息较多，如 Landsat 的 TM 和 ETM+，SPOT、NOAA 的 AVHRR，Terra 的 MODIS、HJ 星，CBERS 的 CCD 等。

为了避免天气的不利影响，有些研究工作，如灾害监测等，需要应用雷达卫星的数据，目前常用的数据主要有 Envisat、Radarsat 等。

针对全国生态环境遥感监测要求，不同尺度的遥感数据收集可以参考如下说明。

低分辨率卫星影像收集：以 MODIS 为主，覆盖全国全年数据。数据类型主要为 250 m 分辨率的 16 天合成的 NDVI 数据（MOD13Q1）。

中分辨率卫星影像收集：中分辨率遥感卫星数据，范围为覆盖全国。目前常用的有 Landsat TM/ETM+ 数据、HJ-1 卫星 CCD 数据、CB-02B 和 CB-02C、资源三号，数据有缺失的地区以同等分辨率同一时相的数据作为补充。

中高分辨率卫星影像收集：中高分辨率数据，以 SPOT55.m 全色和 10 m 多光谱数据为主，辅助以 ALOS、RapidEye、福卫-2、CBERS-02B-HR 等数据。

主要覆盖国家级自然保护区和部分重要生态功能区，约 5 000 000 km^2。

高分辨率卫星影像收集：以 QuickBird、IKONOS 数据为主，辅助以 GeoEye-1、WorldView-1、WorldView-2 等数据。按需要订购，主要覆盖重要点位。

雷达数据收集：以 Envisat-ASAR、ERS-1/2 数据为主，辅助以 Radarsat-1、Radarsat-2、JERS 等数据。

（二）遥感数据时相选择

研究对象要求在不同时间获取遥感数据，具体包括两个方面：

第一，在生态环境现状研究中，针对内容需要更清晰、全面反映地物信息的遥感数据，土地利用/覆被研究一般以监测地表植被信息为主，因而多选择植被生长旺期获取的遥感数据。为了监测分析植被长势，以及区别特定植被类型，还会要求相邻时相的遥感数据。大区域作业要求相邻景之间具有最接近的时相。

第二，进行生态环境动态监测与研究时，需要对不同年度、相似季相的遥感数据进行对比分析；年内变化则选择不同季相的传感器遥感信息。

第三节　影像几何校正

一、原始影像导入

原始影像一般都有固定的存储格式，常用的有 BSQ、BIL 和 BIP，因此许多遥感软件都有固定的模块对影像进行导入。本节以 ERDAS 软件为例进行演示说明，本章的第四节将会对 ERDAS 软件作简要介绍。

（一）TM 原始影像导入

1. 单波段二进制影像数据输入

在 ERDAS 图标面板工具条中，点击打开"Import/Export"对话框。并做如下的选择：

选择数据输入操作：Import。

选择数据输入类型（Type）为普通二进制（Generic Binary），媒介类型（Media）为文件（File）。

确定输入文件路径及文件名（Input File）：Band1.dat。

确定输出文件路径及文件名（Output File）：Band1.img。

打开"Import Generic Binary Data"对话框。

在"Import Generic Binary Data"对话框中定义下列参数：数据格式（Data Format）：BSQ。

数据类型（Data Type）：Unsigned 8-Bit。

数据文件行数（Row）：5728（一般在影像头文件信息中查找得出）。数据文件列数（Cols）：6920（一般在影像头文件信息中查找得出）。文件波段数量（Bands）：1。

保存参数设置（Save Option）：*.gen。

退出 Save Option File。

执行输入操作。

其间出现进程状态条，待进程状态条结束后，点 OK 完成数据输入。重复上述过程，可依此将多波段数据全部输入，转换为 IMG 文件。

2. 多波段数据影像数据输入

在 ERDAS 图标面板工具条中，点击打开"Import/Export"对话框。并做如下的选择：

选择数据输入操作：Import。

选择数据输入类型（Type）为 TM Landsat EOSAT Fast Format，媒介类型（Media）为文件 File。

确定输入文件路径及文件名（Input File）：Band1.dat。

确定输出文件路径及文件名（Output File）：传感器名称 + 轨道号（6 位）+ 日期（8 位）.img。

将多波段数据全部输入，多波段合成、转换为 *.img 文件。

（二）TIFF 格式原始影像导入

为了影像处理与分析，需要将单波段 TIFF 文件组合为一个多波段影像文件。　第一步：在 ERDAS 图标面板工具条中，点击 Interpreter/Utilities/Layer Stack 命令，打开 Layer Selection and Stacking 的对话框。

第二步：在 Layer Selection and Stacking 对话框中，依此选择并加载（Add）单波段 TIFF 影像。

输入单波段影像文件（Input File：*.TIFF）：band1.TIFF— Add。

输入单波段影像文件（Input File：*.TIFF）：band2.TIFF— Add。　输入组合多波段影像文件（Output File：*.img）：传感器名称 + 轨道号（6 位）+ 日期（8 位）.img。

点击 OK 执行并完成波段组合。

二、影像校色和锐化

（一）影像校色

影像校色即遥感影像灰度增强，是一种点处理方法，主要为突出像元之间的反差（或称对比度），所以也称"反差增强""反差扩展"或"灰度拉伸"等。

目前，几乎所有遥感影像都没有利用遥感器的全部敏感范围，各种地物目标影像的灰度值往往局限在一个比较狭小的灰度范围内，使得影像看起来不鲜明清晰，许多地物目标和细节彼此相互遮掩，难以辨认。通过灰度拉伸处理，扩大影像灰度值动态变化范围，可增加影像像元之间的灰度对比度，因此有助于提高影像的可解译性。

常用的灰度拉伸方法有线性拉伸、分段线性拉伸及非线性拉伸（又称特殊拉伸）等。

第一步：在 view 中打开多波段合成好的影像。

第二步：在 view 中根据影像大小定制 AOI，略大于影像。

第三步：影像线性拉伸。

先用高斯拉伸，一般效果都比较好。分段线性拉伸及非线性拉伸在点击 breakpts 下设置。还可以在 Photoshop 等图形处理软件下进行色彩调整，注意在这些软件应用前，将影像的头文件保存好，色彩调整完成后，将影像的头文件重新写入。

（二）影像锐化

遥感系统成像过程中可能产生的"模糊"现象，常使遥感影像上某些用户感兴趣的线性形迹、纹理与地物边界等信息显示不够清晰，不易识别。单个像元灰度值调整的处理方法较难奏效，需采用邻域处理方法来分析、比较和调整像元与周围相邻像元间的对比度关系，影像才能得到增强，也就是说需要采用滤波增强处理。

影像滤波增强处理实际上就是运用滤波技术增强影像的某些空间频率特征，以改善地物目标与邻域或背景之间的灰度反差。例如通过滤波增强高频信息、抑制低频信息，就能突出像元灰度值变化较大和较快的边缘、线条或纹理等细节；反过来，如果通过滤波增强低频信息、抑制高频信息，则能将平滑影像细节保留并突出较均匀连片的主体影像。

滤波增强分空间域滤波增强和频率域滤波增强两种。前者在影像的空间变量内进行局部运算，使用空间二维卷积方法，特点是运算简单、易于实现，但有时精度较差，容易过度增强，使影像产生不协调的感觉；后者使用富氏分析等方法，通过修饰原影像的富氏变换实现，特点是计算量大，但比较直观，精度比较高，影像视觉效果好。

第一步：在 view 中打开多波段合成好的影像。

第二步：在 view 中根据影像大小定制 AOI，略大于影像。

第三步：影像锐化。

还可以在 Photoshop 等图形处理软件中进行重新聚集操作，注意在这些软件应用前，将影像的头文件保存好，色彩调整完成后，将影像的头文件重新写入。

三、几何校正

图像的几何校正需要根据图像的几何变形的性质、可用的校正数据、图像的应用目的确定合适的方法。

（一）几何校正基础知识

几何校正是处理由传感器性能差异引起的系统畸变，以及由运载工具姿态变化（偏航、俯仰、滚动）和目标物特征引起的非系统畸变的过程。　系统畸变：

比例尺畸变，可通过比例尺系数计算校正。

歪斜畸变，可经一次方程式变换加以校正。

中心移动畸变，可经平行移动校正。

扫描非线性畸变，必须获得每条扫描线校正数据才能校正。

辐射状畸变，经二次方程式变换即可校正。

正交扭曲畸变，经三次以上方程式变换才可加以改正。

非系统畸变：

因倾斜引起的投影畸变，可用投影变换加以校正。

因高度变化引起的比例尺不一致，可用比例尺系数加以校正。

由目标物引起的畸变，如由地形起伏引起的畸变，需要逐点校正。

因地球曲率引起的畸变，则需经二次以上高次方程式变换才能加以校正。

卫星影像被地面站接收下来后，都要经过一系列的处理，根据处理的级别可以分为0级、1级、2级、3级……

从卫星上接收下来，未经任何处理的影像称为0级影像。1级影像也称Level1产品，即辐射校正产品，是经过辐射校正但没有经过系统几何校正的产品数据，将卫星下行扫描行数据反转后按标称位置排列。2 级影像也称 Level2 产品，即经过辐射校正和系统几何校正的产品数据，并将校正后的图像数据映射到指定的地图投影坐标下，其几何校正主要是校正由于卫星轨道等引起的系统形变。因此，Level2 产品也称为系统校正产品，在地势起伏小的区域，Landsat7 系统校正产品的几何精度可以达到 250 m，Landsat5 系统校正产品的几何精度取决于星历预测数据的精度。3 级影像是经过辐射校正和几何校正的产品数据，同时采用地面控制点改进产品的几何精度。Level3 产品也称为几何精校正产品，几何精校正产品的几何精度取决于地面控制点的精度。4 级影像也称 Level4 产品，是经过辐射校正、几何校正和几何精校正的产品数据，采用数字高程模型（DEM）校正地势起伏造成的视差变形。Level4 产品也称为高程校正产品，高程校正产品的几何精度取决于地面控制点的可用性和 DEM 数据的分辨率。

（二）在 ERDAS 中进行几何校正的方法与步骤

第 1 步：打开并显示影像文件。

在 Viewer#1 中打开需要校正的 Landsat TM 影像：input.img；在 Viewerr#2 中打开作为地理参考的校正过的影像或地图：Reference.img。

第 2 步：启动几何校正模块。

在 Viewer#1 中单击 Raster。

选择 Geometric Correction，选择多项式几何校正模型（Polynomial）。在打开的 Polynomial Model Properies 对话框中设置 Polynomial Order（多项式次数）为 1 次，即默认值。

在打开的 GCP Tool Reference Setup 确定参考点的来源，即 Existing Viewer，点击 OK。

出现 Viewer Selection Instructions 对话框，用鼠标点击 Viewer#2，出现 Referencemap Projection 对话框，点击 OK，进入几何校正的工作窗口。   第 3 步：启动控制点工具。

选择视窗采点模式 Exising Viewer。

确定后打开 Viewer Selection Instruction 指示器。

在作为地理参考的影像 panAtlanta.img 中点击左键，打开 Reference Map Information 提示框，显示参考影像的投影信息。

确定表后面控制点工具被启动，进入控制点采集状态。

确定表后面控制点工具被启动，进入控制点采集状态。

第 4 步：采集控制点。

在影像几何校正过程中，采集控制点是一项非常重要的工作，在 GCP 工具对话框中点 SelectGCP 图标，进行 GCP 选择状态。分别在 view#1 和 view#2 中寻找明显地物特征点，如公路交叉点、山峰等作为 GCP。不断重复上述步骤，采集若干 GCP。要求 GCP 要均匀分布，不少于 25 个（值得注意的是一定要保存好 GCP 点，GCP 点分待纠正影像的点和控制影像的点，要分别命名，且每年均要保存以做备用和调整）。

第 5 步：影像重采样（注意重采样时像元的大小要与原始影像的相同）。

四、影像镶嵌

在遥感影像处理中经常会遇到将多幅影像拼接到一起才能完整地覆盖研究区的情况，这就需要我们在遥感影像预处理过程中进行拼接处理。

ERDAS 软件中遥感影像拼接处理的方法与步骤如下（以将三张 TM 影像拼接为例）：

（1）启动影像拼接工具，在 ERDAS 图标面板工具条中，点击 Dataprep/Datapreparation/Mosaic Images，打开 Mosaic Tool 视窗。

（2）加载 Mosaic 影像，在 Mosaic Tool 视窗菜单条中，点击 Edit/Add Images，打开 Add Images for Mosaic 对话框。依次加载窗拼接的影像。　（3）在 Mosaic Tool 视窗工具条中，点击 Set Input Mode 图标，进入设置影像模式的状态，利用所提供的编辑工具，进行影像叠置组合调查。

（4）影像匹配设置，点击 Edit/Image Matching，点击 Matching Options 对话框，设置匹配方法：Overlap Areas。

（5）在 Mosaic Tool 视窗菜单条中，点击 Edit/set Overlap Function，打开 Set Overlap Function 对话框。

（6）设置以下参数。设置相交关系（Intersection method）：Nocutline Exists。设置重叠影像元灰度值计算（Select Function）：Average。

（7）运行 Mosaic 工具。在 Mosaic Tool 视窗菜单条中，点击 Process/Run Mosaic，打开 Run Mosaic 对话框。

确定输出文件名：Mosaic.img；确定输出影像区域：ALL。

点击 OK 进行影像拼接。

第四节　遥感解释

一、解译方法及软件

（一）遥感解译方法

遥感解译是从遥感影像上获取目标地物信息的过程，即根据各专业的要求，运用解译标志和实践经验与知识，从遥感影像上识别目标，定性、定量地提取出目标的分布、结构、功能等有关信息，并把它们表示在地理底图上的过程。例如，土地利用现状解译，是在影像上先识别土地利用类型，然后在图上测算各类土地面积和空间分布。目前遥感解译主要有两种方法：一是遥感图像目视解译，二是遥感图像计算机解译。

1. 遥感图像目视解译

遥感图像目视解译是指通过目标地物的识别特征包括色、形和位来判断地物类型和分布，并进一步确定面积等属性。色指目标地物在遥感影像上的颜色，包括色调（tone）、颜色（color）和阴影（shadow）。形指目标地物在遥感影像上的形状，包括形状（shape）、纹理（texture）、大小（size）等。位指目标地物在遥感影像上的空间位置，包括目标地物分布的空间位置（site）、图形（pattern）和相关布局（association）等。

目视解译方法有以下几种：

（1）直接判读法：使用直接判读标志（色调、色彩、大小、形状、阴影、纹理、图案等）直接确定目标地物的属性和范围。

（2）对比分析法：包括同类地物对比分析、空间对比分析、时相动态对比法等。

（3）信息复合法：利用透明专题图或透明地形图与遥感图像复合，根据专题图或者地形图提供的多种辅助信息，识别遥感图像上目标地物的方法。

（4）综合推理法：综合考虑遥感图像多种解译特征，结合生活常识，分析、推断某种目标地物的方法。

2. 遥感图像计算机解译

遥感数字图像的计算机解译以遥感数字图像为研究对象，在计算机系统的支持下，综合运用地学分析、遥感图像处理、地理信息系统、模式识别与人工智能技术，实现地学专题信息的智能化获取。

遥感图形包括多种信息，由像素和亮度值表示。具有便于计算机处理与分析、图像信息损失少、抽象性强等特点。

同种地物在相同的条件下，应具有相同的或相似的光谱特征和空间信息特征，即同类地物像元的特征向量将集群在同一特征空间区域。常用的遥感图形的计算机分类主要有监督分类和非监督分类。

监督分类法就是指选择具有代表性的训练场作为样本，根据已知训练区提供的样本，选择特征参数，建立判别函数，据此对样本像元进行分类。其关键是选择样区、训练样本、建立判别函数。常见监督分类的方法包括最小距离法、多级分割分类法等。

非监督分类法就是指事先不知道类别特征，主要根据所有像元彼此之间的相似度大小进行归类合并（将相似度大的像元归为一类）的方法。

监督分类法与非监督分类法的根本区别在于是否选取样区和类别的意义在分类前是否已知。监督分类法主要依据训练场地的选择（数量、代表性、数目），非监督分类法主要依据遥感图像光谱统计特性。

（二）遥感解译软件

目前常用的遥感解译软件主要有 ERDAS、ENVI、ArcGIS 和 eCognition 等。

1. ERDAS

ERDAS IMAGINE（简称 ERDAS）是美国 ERDAS 公司开发的遥感图像处理系统。它以先进的图像处理技术，友好、灵活的用户界面和操作方式，面向

广阔应用领域的产品模块，服务于不同层次用户的模型开发工具以及高度的 RS/

GIS（遥感图像处理和地理信息系统）集成功能，为遥感及相关应用领域的用户提供了内容丰富而功能强大的图像处理工具，代表了遥感图像处理系统未来的发展趋势。该软件功能强大，在该行业中是最好的软件之一。

ERDAS 产品套件：它是一个用于影像制图、影像可视化、影像处理和高级遥感技术的完整的产品套件。

ERDAS 扩展模块：ERDAS 是以模块化的方式提供给用户的，用户可根据自己的应用要求、资金情况合理地选择不同功能模块及其不同组合，对系统进行剪裁，充分利用软硬件资源，并最大限度地满足用户的专业应用要求。

LPS（Leica Photogrammetry Suite，徕卡遥感及摄影测量系统）：LPS 是各种数字化摄影测量工作站所适用的软件系列产品，为地球空间影像的广泛应用提供了精密和面向生产的摄影测量工具。LPS 可以处理多种航天、航空传感器的多种格式影像，包括黑/白、彩色和最高至 16 bits 的多光谱等各类数字影像。LPS 可以提供从原始相片到通视分析各种摄影测量的需求，它为影像、地面控制、定向及 GPS 数据、矢量和处理影像等提供广泛的应用选择，并且操作灵活简便。LPS 可以提供上百种坐标系及地图投影的选择，以满足用户的不同需求。

2. ENVI

ENVI（The Environment for Visualizing Images）是一套功能齐全的遥感图像处理系统，是处理、分析并显示多光谱数据、高光谱数据和雷达数据的高级工具。ENVI 包含齐全的遥感影像处理功能，常规处理、几何校正、定标、多光谱分析、高光谱分析、雷达分析、地形地貌分析、矢量应用、神经网络分析、区域分析、GPS 连接、正射影像图生成、三维图像生成、丰富的可供二次开发调用的函数库、制图、数据输入/输出等功能，组成了图像处理软件中非常全面的系统。

ENVI 对于要处理的图像波段数没有限制，可以处理国际主流的卫星格式，如 Landsat7、IKONOS、SPOT、Radarsat、NASA、NOAA、EROS 和 TERRA，并具有接受未来所有传感器的信息扩展端口。

ENVI 具有强大的多光谱影像处理功能。ENVI 能够充分提取图像信息，具备全套完整的遥感影像处理工具，能够进行文件处理、图像增强、掩膜、预

处理、图像计算和统计，完整的分类及后处理工具及图像变换和滤波工具，图像镶嵌、融合等功能。ENVI 具有丰富完备的投影软件包，可支持各种投影类型。同时，ENVI 还创造性地将一些高光谱数据处理方法用于多光谱影像处理，可更有效地进行知识分类、土地利用动态监测。

ENVI 具有更便捷地集成栅格和矢量数据的功能。ENVI 包含所有基本的遥感影像处理功能，如校正、定标、波段运算、分类、对比增强、滤波、变换、边缘检测及制图输出功能，并可以加注汉字。ENVI 具有对遥感影像进行配准和正射校正的功能，可以给影像添加地图投影，并与各种 GIS 数据套合。ENVI 的矢量工具可以进行屏幕数字化、栅格和矢量叠合，建立新的矢量层、编辑点、线、多边形数据，缓冲区分析，创建并编

辑属性，及进行相关矢量层的属性查询。

ENVI 的集成雷达分析工具可以快速处理雷达数据。用 ENVI 完整的集成式雷达分析工具可以快速处理雷达 SAR 数据，提取 CEOS 信息并浏览 Radarsat 和 ERS-1 数据。天线阵列校正、斜距校正、自适应滤波等功能可以提高数据的利用率。纹理分析功能还可以分段分析 SAR 数据。ENVI 还可以处理极化雷达数据，用户可以从 SIR-c 和 AIRSAR 压缩数据中选择极化和工作频率，还可以浏览和比较感兴趣的极化信号，并创建幅度图像和相位图像。

ENVI 具有三维地形可视分析及动画飞行功能，能按用户指定路径飞行，并能将动画序列输出为 MPEG 文件格式，便于用户演示成果。

3. ArcGIS

ArcGIS 是专业的地理信息系统软件，其产品线为用户提供一个可伸缩的、全面的 GIS 平台。ArcObjects 包含了大量的可编程组件，从细粒度的对象（例如单个的几何对象）到粗粒度的对象（例如与现有 ArcMap 文档交互的地图对象），涉及面极广，这些对象为开发者集成了全面的 GIS 功能。每一个使用 ArcObjects 建成的 ArcGIS 产品都为开发者提供了一个应用开发的容器，包括桌面 GIS（ArcGIS Desktop）、嵌入式 GIS（ArcGIS Engine）以及服务端 GIS（ArcGIS Server）。

ArcGIS Desktop 是一系列整合的应用程序的总称，包括 ArcCatalog、ArcMap、ArcGlobe、ArcToolbox 和 ModelBuilder。通过协调一致地调和应用和界面，可以实现任何从简单到复杂的 GIS 任务，包括制图、地理分析、数据编辑、数据管理、可视化和空间处理。以下略述其各项功能：ArcMap 是 ArcGIS Desktop 中一个最主要的应用程序，具有基于地图作业的所有功能，包括制图、地图分析和编辑。它是生态监测中最常用的遥感解译和数据处理软件之一。

Arccatalog 应用模块的主要功能是组织和管理所有的 GIS 信息，如地图、数据集、模型、metadata、服务等。它的功能主要有浏览和查找地理信息，记录、查看和管理 metadata，定义、输入和输出 geodatabase 结构和设计，在局域网和广域网上搜索和查找 GIS 数据，管理 ArcGIS Server。

ArcGlobe 是 ArcGIS Desktop 系统中 3D 分析扩展模块中的一部分，提供了全球地理信息的连续、多分辨率的交互式浏览功能。像 ArcMap 一样，ArcGlobe 也是使用 GIS 数据层，显示 Geodatabase 和所有支持的 GIS 数据格式中的信息。

嵌入到 ArcGIS Desktop 各项程序环境中的 ArcToolbox 和 ModelBuilder，具有空间处理和空间分析的功能，其所包括的工具有：数据管理、数据转换、Coverage 的处理、矢量分析、地理编码、统计分析等。

ModelBuilder 为设计和实现空间处理模型的用户（包括工具、脚本和数据）提供了一个图形化的建模框架，让流程图的设计更为方便。

二、现状解译

（一）遥感解译一般程序

1. 准备阶段

收集工作区的卫星图像，必要时可作影像增强处理。还要收集和研究有关的基本资料和图件，并了解该区的自然地理和人文地理概况，然后制订具体工作计划。

2. 分类

根据工作和研究需要建立遥感解译的分类体系，分类体系建立的原则有三个：

一是综合性和代表性相结合的原则。生态环境是一个由自然和社会生态因素组成的复杂综合体，组成因子众多，各因子之间相互作用、相互联系。因此，选取的指标要尽可能地反映生态系统的各个方面。同时，由于目前遥感监测技术和能力的限制，不可能监测所有的生态环境因子，只能从中选择最具有代表性、最能反映生态环境本质特征的指标。

二是层次性原则。生态环境系统具有尺度性、等级性，国家、区域和景观级的生态环境各具有不同的特征，生态问题的反映指标也不一样。因此，不同等级的生态系统应该监测不同的指标，这样才能更好地监测和评估各级生态环境的状况、问题和变化规律。

三是可稳定获取原则。本文制定的监测指标体系是从环境遥感监测业务化运行的角度出发，要为生态管理和决策提供信息。因此，监测指标必须能够遥感监测，并且获得的信息要切实可靠，可连续长期进行监测。

3. 建立解译标志阶段

根据各种遥感图像，进行反复对比和综合分析，并与实际资料、实地地物对照、验证，建立各种地物在不同遥感图像上的解译标志。

4. 初步解译阶段

根据各种遥感图像的直接、间接解译标志，按从左到右、从上到下的顺序进行判读，对遥感影像进行初判，此时得出的结果为初判图层。

5. 野外验证阶段

选择一些重点地段做地面调查，采集标本、样品，绘制剖面，补充、修改解译标志，检验各种类型的界线。着重解决疑难和重要类型的判读准确度，其他地区只做少量抽样调查。

6. 修正解译图层和编写报告阶段

根据野外验证结果和影像，对初判图层进行全面详细的修正。首先对核查点位所在图斑进行修改；然后根据核查点位得出的区域各生态类型特征对整个初判图层进行修正；最后正式成图，根据任务要求和解译成果编写总结报告，并对影像解译的情况和经验作必要说明。

（二）解译标志的建立

遥感影像解译标志也称判读要素，它能直接反映地物信息的影像特征，解译者利用这些标志在图像上识别地物或现象的性质、类型或状况，因此它对于遥感影像数据的人机交互式解译意义重大。建立遥感影像解译标志可以提高遥感影像数据用于基础地理信息数据采集的精度、准确性和客观性。

我国幅员辽阔，地貌和气候差异很大，根据地貌、气候条件将全国划分为不同类型地貌样区，在简单型地貌样区建立各种基础地理信息要素的解译标志，有利于用正确的方法确定采集范围。对于某些特殊地理信息要素，可建立专门解译标志。在建立遥感信息模型时，可把这些属性添加到逻辑运算内。建立解译标志时所采用影像的季节应避免植被覆盖度高的夏季，避免使用积雪较多、云层遮盖或烟雾影响较大的数据。有时候需要根据基础地理信息数据要求选择遥感影像波段组合顺序及与全色波段进行融合。在对数据进行增强处理时，要避免引起信息损失。

在影像上选择解译标志区的要求是：范围适中以便反映该类地貌的典型特征，尽可能多地包含该类地貌中的各种基础地理信息要素类且影像质量好。标志区的选取完成后，寻找标志区内包含的所有基础地理信息要素类，然后选择各典型图斑作采集标志，再去实地进行野外校验，对不合理的部分进行修改，直到与实地相符为止。同时拍摄该图斑地面实地照片，以便使影像和实际地面要素建立关联，提高遥感影像解译标志的真实性和直观性，加深解译技术人员对解译标志的理解。

遥感影像解译标志的建立有利于解译者对遥感信息做出正确判断和采集，这对于用人机交互方式从遥感影像上采集基础地理信息数据是十分必要的，尤其是在作业区范围很大、作业人员知识背景差异也很大且外业踏勘不足的情况下，可以使作业人员迅速适应解译区的自然地理环境和解译采集要求。但是人机交互式解译毕竟无法对大量卫星遥感数据进行快速处理，这就需要建立较为完善的遥感信息解译模型，以便用计算机对遥感信息进行解译和采集。遥感影像解译标志是遥感信息模型建立的前提和基础，有了较为准确的遥感信息解译标志，才能建立较为实用的遥感信息模型。

各地物类型的解译标志众多，不同地物解译标志不同，同种地物不同时期、不同分布地域解译标志也不同。要求影像解译人员应对解译区域十分熟悉，从已知地点、地物通过影像色彩、色调、纹理、空间位置、地物组合特征等信息来判别未知区域地物类型。

全国生态遥感监测与评价人机交互判读分析采用96–B02–01–02专题组成果，以区域特点、遥感信息源的季相特点为基础，分土地利用类型及其所处的不同地貌部位、不同的植被类型进行整理。

（三）基准年份解译

1. 解译技术要求

判读提取目标地物的最小单元：按照全国统一标准，面状地类应大于4×4个像元（120 m×120 m），线状地物图斑短边宽度最小为2个像元，长边最小为6个像元；屏幕解译线划描迹精度为两个像元点，并且保持圆润。

判读精度要求：各图斑要素的判读精度具体如下：一级分类 > 90%，二级分类 > 85%，三级分类 > 80%。

其他要求：解译图层最终为 ArcInfocov 格式，多边形全部为闭合曲线；没有出头的 Dangle 点，断线尽量少；利用 Clean/Build 建立拓扑关系，容限值为 10；多边形没有多标识点或无标识点的现象；没有邻斑同码、一斑多码、异常码（非分类系统编码和动态变化码）等；具有多边形拓扑关系。

2. 利用 ArcGIS 中的 Map 窗口实现土地利用遥感解译

在 ArcGIS 中根据遥感影像和地物解译标志，分别对遥感影像上符合特征的图斑进行勾勒，并赋予相应编码。由于 shp 文件在编辑时容易损坏，建议将 shp 格式转换成 File Geodatabase（gdb）或 Personal Geodatabase（mdb）文件。

第一，在 gdb 或者 mdb 格式的影像对象上建立土地利用分类字段；这里以解译数据 LD2000 为例进行说明。ArcMap 下加载 LD2000 面状矢量数据（gdb 格式），查看矢量数据字段为 shape*、shape_length、shape_area 三个 gdb 格式数据系统内部生成的字段。在 LD2000 矢量数据非编辑状态下，打开 LD2000 矢量数据的属性表，通过 Add Field 新建 LD2000_id 为土地利用现状地类字段。

第二，对 LD2000_id 字段进行赋值，完成 2000 年土地利用数据解译工作。具体方法为在 ArcMap 下加载 LD2000 面状矢量数据（gdb 格式）和遥感影像数据，选中要赋值的斑块进行赋值。这里介绍两种方法：一种是通过 Field Calculator 字段计算来完成 LD2000_id 字段赋值，该方法支持多个斑块同时进行赋值，可在 LD2000 矢量数据编辑状态或者非编辑状态下使用，但选中的斑块必须为同一地物类型。另外一种方法是在编辑状态下，通过对 LD2000 矢量数据逐个斑块进行编辑，完成矢量数据 LD2000_id 字段的赋值。在 ArcMap 下打开 Editor 编辑工具条，点击 Start Editing，编辑对象为 LD2000 矢量数据。选中需要赋值的斑块，进行 LD2000_id 字段赋值。

由于 LD2000 矢量数据是用面向对象多尺度分割生成的，分割尺度的不同，会导致部分斑块含有多种用地类型或者多个相邻斑块为同种地类，这里就需要对 LD2000 矢量数据中斑块进行切割、合并处理。

斑块的切割处理：在编辑状态下，选中要切割的斑块，点击 Editor 编辑工具条上的 Cut Polygons Tool 中，手工勾绘切割的边界，完成斑块的切割。需要注意的是勾绘边界时，可逐个拐点进行描绘，也可以按下电脑键盘 F8 键通过在屏幕上移动鼠标形成的轨迹完成边界的描绘工作。

斑块的合并：斑块的合并是将相邻的同种类型斑块合并成一个斑块的过程。点击 Editor 编辑工具条 Editor 下拉菜单上的 merge 工具，将选中的斑块合并到选中的其中一个斑块上。

在矢量数据的编辑中，Autocomplete Polygon 也是常用的工具之一。由于多种原因，编辑的数据经常会出现缝隙，或者需要和现有斑块共用边界描绘新的斑块，这时就需要通过 Autocomplete Polygon 工具编辑完成。点击 Autocomplete Polygon 工具，在缝隙处任选两点进行连接便完成了缝隙的自动填充，然后对新生成的斑块进行属性赋值。矢量数据中的缝隙也可以通过拓扑检查和拓扑编辑来查找和编辑。

三、动态解译

（一）基于 NDVI 的草地动态信息提取

遥感监测为监测大面积区域的植被覆盖度，甚至全球的植被覆盖度提供了可能。植被覆盖度与归一化植被指数 NDVI 之间存在着极显著的线性相关关系。通常使用 NDVI 估算区域植被盖度，考虑全国的通用和可比性，选取以下公式近似反映草地覆盖度：

$$_vf = \frac{NDVI-NDVI_{min}}{NDVI_{max}-NDVI_{min}} \qquad (2-1)$$

式中：$_vf$ — 植被覆盖度；

$NDVI_{min}$ — 采用直方图法确定；

$NDVI_{max}$ — 选择在高盖度区 5—9 月间的最大 NDVI 值，以 95% 的置信度得出一个统计值。

根据以上公式计算就可以求得区域植被覆盖度，然后利用 ArcGIS 的 Reclass 功能，将区域植被覆盖度归并为高覆盖度（$_vf > 50\%$）、中覆盖度（$50\% \geqslant _vf > 20\%$）、低覆盖度（$20\% \geqslant _vf > 5\%$）、无植被区（$_vf < 5\%$）；再利用 ArcGIS 的叠加分析功能，可以得到覆盖度变化的区域，最后将覆盖度变化图层与土地利用/覆盖图层叠加，对覆盖度变化的草地区域进行解译。

（二）基于自动检测的动态信息提取

变化检测算法采用变化矢量分析模型（CVA）方法。CVA 视每个波段的变化为均等对待，取名波段变化的欧几里得距离视为变化的判据，按土地覆被类型统计变化矢量的均值与标准差。

$$R = \begin{vmatrix} r, \end{vmatrix} S = \begin{vmatrix} S_1 \\ S_2 \\ \vdots \\ S_n \end{vmatrix} \qquad (2-2)$$

S — 分别表示二景影像；

r —— 波段；

n —— 波段号。

$$\Delta V = R - S = \begin{bmatrix} \rho_1 - S_1 \\ r_2 \quad S_2 \\ \vdots \\ r_n \quad S_2 \end{bmatrix}$$ （2-3）

式中：ΔV —— 二景影像的变化矢量。

$$\Delta V = (r_1 - s_1)^2 + (r_2 - s_2)^2 + (r_n - s_n)^2$$

（2-3）

V —— 二景影像的变化矢量幅度。

在条件许可下，建议变化检测使用二季节数据，$< CV\,x\,y$ 判别需要在二季节共同判别的基础上提取变化类型，特别是耕地的作物每年都会有变化，影响耕地的识别。若决策树效果不佳，需要对决策树进行阈值调整后再分类（见图 2-3）。

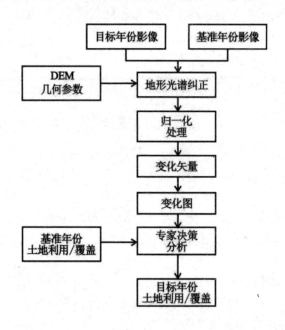

图 2-3　变化检测技术流程

第五节　解译数据统计分析

一、现状汇总分析

（一）不同等级的地类单元统计分析

1. 不同地类等级统计分析

不同地类等级统计分析包括：从遥感解译一级分类统计各类型面积与面积比例，分析各解译类型的空间分布；从遥感解译二级分类统计各类型面积与面积比例，分析各解译类型的空间分布；从遥感解译三级分类统计各类型面积与面积比例，分析各解译类型的空间分布。其在不同软件中的实现步骤如下。

（1）在 ArcGIS 中的实现步骤

第一步：为解译成果矢量数据添加一个属性字段，用于存放一级分类地类名称（一级地类类型有耕地、林地、草地、水域、城乡居民点与工矿用地、未利用土地）。

第二步：面积计算。打开属性表，利用 ArcGIS 提供的 Geometry Calculator 工具进行面积计算（对于 Coverage 数据可以略过此步）。

第三步：面积统计，具体操作为分别点击 Analysis Tools、Statistics、Summary Statistics。

（2）在 Arc workstation 中的实现步骤

第一步：通过 Infodbase 命令将图层属性表导成 dbf 的文件，具体操作为 *.pat*.dbf。

第二步：在 Microsoft Access 中导入 dbf 文件，然后利用查询汇总的功能可以得出每种类型的面积。

2. 不同行政区级别统计分析

不同行政区级别统计分析包括：以省为单位统计分析各类型面积，比较各省生态类型的构成；以地级市为单位统计分析各类型面积，比较各地级市生态类型的构成；以县域为单位统计分析各类型面积，比较各县生态类型的构成。其在不同软件中的实现步骤如下。

（1）在 ArcMap 中的实现步骤

第一步：解译成果矢量数据与行政区矢量数据的叠加处理，将解译矢量数据层与行政区信息叠加起来。具体操作为分别点击 ArcToolbox、Analysis Tools、Overlay、Intersect。

第二步：面积计算。打开属性表，利用 ArcGIS 提供的 Geometry Calculator 工具进行面积计算。

第三步：面积统计。具体操作为分别点击 Analysis Tools、Statistics、Summary Statistics。

（2）在 Arc Workstation 与 Microsoft Excel 中的实现步骤

第一步：利用 ArcGIS 的空间叠加分析功能将省（地市或县）图层与土地利用图层叠加在一起。

第二步：利用 ArcMap 的 Export 或者 Arc workstation 的 Infodbase 命令将叠加图层的属性表导出，形成 *.dbf 文件。

第三步：利用 Microsoft Excel 打开 *.dbf 文件，利用 Excel 透视表功能对数据进行分省（市或县）汇总。以分县各地类统计为例，在透视表设计时将"县"字段作为"行标签"，"地类编码或名称"作为"列标签"，面积作为加入统计值。

（二）生态环境质量指数统计分析

1. 生物丰度指数

生物丰度指数指通过单位面积上不同生态系统类型在生物物种数量上的差异，间接地反映被评价区域内生物丰度的丰贫程度。生物丰度指数计算分权重见表 2-2。

表 2-2　生物丰度指数计算分权重

权重	林地			草地			水域湿地			耕地		建筑用地			未利用地			
	0.35			0.21			0.28			0.11		0.04			0.01			
结构类型	有林地	灌木林地	疏林地和其他林地	高覆盖度草地	中覆盖度草地	低覆盖度草地	河流	湖泊（库）	滩涂湿地	水田	旱田	城镇建设用地	农村居民点	其他建设用地	沙地	盐碱地	裸土地	裸岩石砾
权重	0.6	0.25	0.15	0.6	0.3	0.1	0.1	0.3	0.6	0.6	0.4	0.3	0.4	0.3	0.2	0.3	0.3	0.2

生物丰度指数的计算方法如下：

$$生物丰度指数 = A_{bio} \times (0.35 \times 林地面积 + 0.21 \times 草地面积 + 0.28 \times 水域湿地面积 + 0.11 \times 耕地面积 + 0.04 \times 建设用地面积 + 0.01 \times 未利用地面积) / 区域面积$$

$$(2-5)$$

式中：A_{bio}—生物丰度指数的归一化系数。

2．植被覆盖指数

植被覆盖指数是用于反映被评价区域植被覆盖程度的指标，其计算分权重见表2-3。

表 2-3　植被覆盖指数计算分权重

权重	林地			草地			农田		建设用地			未利用地			
	0.38			0.34			0.19		0.07			0.02			
结构类型	有林地	灌木林地	疏林地和其他林地	高覆盖度草地	中覆盖度草地	低覆盖度草地	水田	旱田	城镇建设用地	农村居民点	其他建设用地	沙地	盐碱地	裸土地	裸岩石砾
权重	0.6	0.25	0.15	0.6	0.3	0.1	0.7	03	0.3	0.4	0.3	0.2	0.3	0.3	0.2

植被覆盖指数的计算方法如下：

植被覆盖指数 $=A_{veg}·×$（$0.38×$ 林地面积 $+0.34×$ 草地面积 $+0.19×$ 农田面积 $+0.07×$ 建设用地面积 $+0.02×$ 未利用地面积）/ 区域面积

$$（2-6）$$

式中：A_{veg}— 植被覆盖指数的归一化系数。

3．水网密度指数

水网密度指数是指被评价区域内河流总长度、水域面积和水资源量占被评价区域面积的比重，用于反映被评价区域水的丰富程度。水网密度指数的计算方法如下：

水网密度指数 $=[A_{riv}·×$ 河流长度 / 区域面积 $+A_{lak}·×$ 湖库（近海）面积 / 区域面积 $+A_{res}·×$ 水资源量 / 区域面积 $]/3$

$$（2-7）$$

式中：A_{riv}— 河流长度的归一化系数；

A_{lak}— 湖库面积的归一化系数；

A_{res}— 水资源量的归一化系数。

4．景观异质性指数

（1）景观斑块密度

景观斑块密度指景观中单位面积的斑块数，其计算公式为：

$$PD=M/A$$

$$（2-8）$$

式中：PD— 景观斑块密度；

M— 研究范围内某空间分辨率上景观要素类型总数；

A— 研究范围景观总面积。

（2）景观边缘密度

景观边缘密度指景观范围内单位面积上异质景观要素斑块间的边缘长度，其计算公式为：

$$ED=\frac{1}{A}\sum_{i=1}^{M}\sum_{j=1}^{M}P_{ij}$$

（2-9）

式中：$_{ij}P$ — 景观中第 i 类景观要素斑块与相邻第 j 类景观要素斑块间的边界长度。

（3）景观优势度指数

景观优势度指数指衡量景观结构中一种或几种景观组分对景观的分配程度。它与景观多样性指数意义相反，对景观类型数目相同的不同景观，多样性指数越高，其优势度越低。

$$D=H_{max}+\sum_{k=1}^{m}P_k\ln(P_k)$$

（2-10）

式中：D— 景观优势度指数，它与景观多样性成反比；

$H_{max'}$ —最大多样性指数，$H_{max'}=\ln(\ )$；

m— 景观中缀块类型的总数；

kP — 缀块类型 k 在景观中出现的概率。

通常，较大的 D 值对应一个或是少数几个缀块类型占主导地位的景观。

（4）景观多样性指数

景观多样性指数分为 Shannon 多样性指数和 Simpson 多样性指数，其计算公式分别为：

$$H=-\sum_{k=1}^{m}P_k\ln(P_k)$$

（2-11）

$$H'=-\sum_{k=1}^{m}P_k^2$$

（2-12）

式中：H— Shannon 多样性指数；

H'— Simpson 多样性指数；

P_k — 斑块类型 k 在景观中出现的概率；

m— 景观中斑块类型总数。

（5）实现方法

景观异质性指数、景观聚集度指数和景观破碎度指数等主要利用 ArcGIS 软件和 Fragstats 软件计算得出，其具体操作步骤如下

第一步：在 ArcMap 中对解译成果矢量数据层添加一个属性字段（landclass），将耕地、林地、草地等解译地类进行重新分类，如耕地归为景观类型中的1，林地归为景

观类型中的 2，草地归为景观类型中的 3，可根据需要取相应的类型名。

第二步：将矢量数据转换成栅格数据。具体操作为分别点击 Conversion Tools、To Raster、Feature to Raster。

第三步：转入 Fragstats 软件，导入第二步转换好的栅格数据。

第四步：选择所需计算的景观指数。

第五步：执行景观运算，并查看相关计算结果。

（三）地统计分析

1. 区域化变量

克里格方法（Kriging）又称空间局部插值法，是以变异函数理论和结构分析为基础，在有限区域内对区域化变量进行无偏最优估计的一种方法，是地统计学的主要内容之一。其数学表示为：

$$Zx_0 = \sum_{i=1}^{n} wZ(x)$$

(2-13)

Zx —未口样点的值；

Zx_i —未知样点周围的已知样本点的值；

w_i —第 i 个已知样本点对未知样点的权重；

n —已知样本点的个数。

克里格方法的主要步骤如图 2-4 所示。

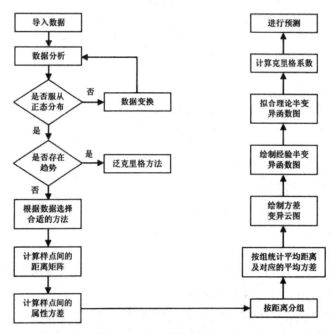

图 2-4　克里格分析方法

2. 变异分析

（1）协方差函数

协方差函数把统计相关系数的大小作为一个距离的函数。协方差与协方差矩阵数学表达式为：

$$r(h) = \frac{1n(h)}{2N(h)} \sum_{i=1} [Z(x) - Z(x+h)^2]$$

（2-14）

（2）半变异函数

半变异函数又称半变差函数、半变异矩，是地统计分析的特有函数，其数学表达式为：

$$r(h) = \frac{1}{2N(h)} \sum_{i=1}^{i'=1} [Z(x) - Z(x+h)^2]$$

（2-15）

（3）实现方法

可利用 ArcGIS 的 Geostatistical Analyst 模块进行地统计分析。

二、动态汇总分析

（一）单一土地利用类型动态度

单一土地利用类型动态度指的是某研究区一定时间范围内某种土地利用类型的数据变化情况，其表达式为：

$$K = \frac{U_b - U_a}{U_a} \times \frac{1}{T} \times 100\%$$

（2-16）

式中：K— 研究时段内某一土地利用类型动态度；

U_a、U_b— 分别为研究期初及研究期末某一种土地利用类型的数量；

T— 研究时段长。

当 T 的时段设定为年时，K 的值就是该研究区某种土地利用类型年变化率。

（二）综合土地利用动态度

某一研究区的综合土地利用动态度可表示为：

$$LC = \left(\frac{\sum^{n} \Delta LU_{i-j}}{2 \sum_{i=1}^{n}} \right) \times \frac{1}{T} \times 100\%$$

（2-17）

ΔLU_i — 监测时段内第 i 类土地利用类型转为非 i 类土地利用类型面积的绝对值；

T — 监测时段长度。当 T 的时段设定为年时，LC 值就是该研究区土地利用年变化率。

（三）转移矩阵

根据需要，分别对解译分类的一级分类、二级分类和三级分类建立转移矩阵，分析与评价各类型转换特征，系统评价各类型变化的结构特征与各类型变化的方向和变化强度。矩阵基本模型为：

$$X_{(k+1)}=X_k\times P$$

（2-18）

X_K — 趋势分析与预测对象在 $1=k$ 时刻的状态向量；

P — 一步转移概率矩阵；

$X_{(k+1)}$ 趋势分析与预测对象 $t=k+$ 时刻的状态向量。

（四）各类型变化方向（类型转移矩阵与转移比例）

借助生态系统类型转移矩阵可以全面具体地分析区域生态系统变化的结构特征与各类型变化的方向。转移矩阵的意义在于它不但可以反映研究期初、研究期末的土地利用类型结构，而且还可以反映研究时段内各土地利用类型的转移变化情况，便于了解研究期初各类型土地的流失去向以及研究期末各土地利用类型的来源与构成。计算方法为：

$$A_{ij}=a_{ij}\times 100/\sum_{j=1}^{n}a_{ij}$$

（2-19）

式中：i — 研究初期生态系统类型；

j — 研究末期生态系统类型；

a — 生态系统类型的面积；

A_{ij} — 研究初期第 i 种生态系统类型转变为研究末期第 j 种生态系统类型的比例；

B_{ij} — 研究末期第 j 种生态系统类型中由研究初期的第 i 种生态系统类型转变而来的比例。

（五）生态系统综合变化率

生态系统综合变化率综合考虑了研究时段内生态系统类型间的转移，着眼于变化的过程而非变化的结果，反映研究区生态系统类型变化的剧烈程度，便于在不同空间尺度上找出生态系统类型变化的热点区域。计算方法为：

$$EC=(\frac{\sum_{i-j}^{n}\Delta ECO}{2\sum_{i=1}^{n}ECO})\times\frac{1}{T}\times 100\%$$

（2-20）

式中：ECO —监测起始时间第 i 类生态系统类型面积，根据全国生态系统类型图矢量数据在 ArcGIS 平台下进行统计获取；

ΔECO — 监测时段内第 i 类生态系统类型转为非 i 类生态系统类型面积的绝对值，其值根据生态系统转移矩阵模型获取。

（六）类型相互转化强度（土地覆被转型指数）

首先对解译类型进行植被类型定级，然后使植被类型变化前后级别相减，如果为正值则表示覆被类型转好，反之表示覆被类型转差。土地覆被转型指数定义为：

$$LCCI_{ij} = \frac{\sum \left[A_{ij} \times (D_a - D_b) \right]}{A_{ij}} \times 100$$

（2-21）

式中：转型 $LCCI_{ij}$ —某研究区土地覆被转类指数；

i —研究区；

j —土地覆被类型；

转型 A_{ij} —某研究区土地覆被一次转类的面积；

D_a — 转类前级别；

D_b — 转类后级别。

$LCCI_{ij}$ 值为正，表示此研究区总体上土地覆被类型转好；$LCCI_{ij}$ 值为负，表示此研究区总体上土地覆被类型转差。

第四章 生态环境地面监测技术

第一节 概　述

一、生态环境地面监测的内涵

生态环境地面监测是指应用可比的方法，对一定区域范围内的生态环境或生态环境组合体的类型、结构和功能及其组成要素等进行系统的地面测定和观察，利用监测数据反映的生物系统间相互关系变化来评价人类活动和自然变化对生态环境的影响。

在所监测区域建立固定站，由人徒步或乘越野车等交通工具按规划的路线进行定期测量和收集数据。它只能收集几千米到几十千米范围内的数据，且费用较高，但这是最基本也是不可缺少的手段，因为地面监测是"直接"数据，可以对空中和卫星监测进行校核。某些数据只能在地面监测中获得，例如，降雨量、土壤湿度、小型动物、动物残余物（粪便、尿和残余食物）等。地面测量采样线一般沿着现存的地貌，如小路、家畜和野兽行走的小道。记录点放在这些地貌相对不受干扰一侧的生境点上，采样断面的间隔为 0.5 ~ 1.0 km。收集数据包括：植物物候现象、高度、物种、物种密度、草地覆盖以及生长阶段、密度和木本物种的覆盖；动物活动、生长、生殖、粪便及食物残余物。

二、生态环境地面监测的意义

作为生态环境保护的重要基础性工作，生态环境监测肩负着为生态保护管理决策提供技术支撑、技术监督和技术服务的使命，对保护环境、保障民生和建设生态文明具有重要意义。由于生态系统的复杂性、综合性，生态环境问题的区域差异性，遥感监测在较大监测范围和获取信息的时空连续性上有明显优势，监测的信息侧重反映生态类型及其空间分布格局。但是，它对于生态系统的物种组成、结构、服务功能状况及面临的干扰和胁迫等方面的监测难以实现。已经开展的地面核查也仅是为了评价遥感解译的准确性，没有针对生态系统结构、功能状态开展调查，因此目前的生态环境质量评价还不能够全面描述生态系统状态。地面监测通过实地取样调查分析，能够获得生态系统的群落结构、物种组成、物质生产能力信息，从微观上了解生态系统状况。因此，为了弄清生态环境质量状况及发展趋势，必须开展生态地面监测工作，填补生态环境监测的短板，把遥感监测和地面监测相结合，使它们提供的信息能够互相比较、修正和补充。

第二节　监测区域和样地设置

一、监测区域的建立

（一）定位

在地形图上确定监测区域的范围后，现场核实该区域植被的类型与要求是否一致，对监测区域的地理位置、植被类型和进行监测的可行性等情况进行调查、分析，用 GPS 定位仪进行精确定位，确定监测区域位置。

（二）区域划定

每个监测区域依据地形而设，可设为圆、正方形或多边形。对于地形复杂、植被类型多样而零散的地区，可设 2～3 个区域作为一个监测点。

（三）建立标志

在监测区域内的中心位置或附近建立醒目的固定标志，测定标志点的经纬度。固定标志应经久耐用，文字应清晰牢固，便于查找。

二、样地和样方的设置

不同的生态系统，以及相同的生态系统中不同的监测区域，由于其主导生态因子的不同，对样方和样地的设置有不同的倾向性，并且随着生态因子的变化，监测方法也将随之改变。

（一）森林生态系统

1. 区域设置

一个监测区域内的样地包括主样地和辅助样地，辅助样地是主样地的补充，而不是重复。样地相当于一个样方或几个样方的集合。在森林生态系统监测中，为了保证样地的代表性，应该对本监测区域的代表性植被类型进行长期观测，包括该区域内的典型地带性植被类型、重要的人工林、其他分布面积很广的群落类型，将其中一个最具有代表性的群落类型的典型地段设为主样地，其他类型设为辅助样地。方法要点包括以下五个方面：

（1）监测样地面积（见表 3-1）。标准样地的合理设置极为重要，首先是选址，要设立在能代表当地植被类型而且林相相同的地段。样地的形状和大小方面，通常选用正方形或长方形，其一边长度至少要高于乔木最高树种的树

高。一个基本原则是，标准样地的面积必须大于群落最小面积，一般情况下可取 $20\ m \times 20\ m$ 或 $30\ m \times 30\ m$。设置标准样地时，应尽量避免主观性，样地最好要有重复。主样地面积应足够大，一般至少应该达到 $1\ hm^2$。辅助样地的面积可适当小于主样地，但不能小于群落最小面积。

表 3-1   森林监测样地布设面积

地区	主样地	辅助样地
热带	$100\ m \times 100\ m$（雨林）	$40\ m \times 40\ m$（雨林和季雨林）
亚热带	$100\ m \times 100\ m$（人工林）	$30\ m \times 30\ m$（人工林）
	$100\ m \times 100\ m$（自然林）	$30\ m \times 40\ m$（自然林）
温带	$100\ m \times 100\ m$（人工林） $100\ m \times 100\ m$（自然林）	$20\ m \times 30\ m$（人工林和自然林）

（2）样地围取。

（3）样地所代表群落的一般性描述。

（4）样地保护。为了保证观测样地的时间延续性，每类观测样地分别设置非破坏性的永久样地和破坏性取样地。

（5）乔木层的编号。对永久样地所包含的所有乔木树种的所有个体，根据其相对位置进行编号，并挂上标牌。

2. 样方设置

为了取样的方便和研究的需要，通常要将样地进一步划分成次一级的样方。为了便于区分，将原样地称为一级样方。将原样方进一步划分成 $10\ m \times 10\ m$ 的次级样方，称为二级样方。其样方设置方法为：

（1）主样地中样方的划分。主样地（一级样方）面积为 $100\ m \times 100\ m$。在一级样方内，进一步划分成 100 个二级样方。

（2）辅助样地二级样方的划分。

热带森林样方设计：一级样方为 40 m×40 m，并进一步分成 10 m×10 m 的二级样方，共 16 个。

亚热带森林样方设计：一级样方为 30 m×40 m，并进一步分成 10 m×10 m 的二级样方，共 12 个。

温带森林样方设计：一级样方为 20 m×30 m，并进一步分成 10 m×10 m 的二级样方，共 6 个。

（二）草原生态系统

1. 区域设置

在监测区域内选取最具有代表性的草原生态系统类型的典型地段设置主样地，在附近地段选取辅助样地。监测区域的占地面积一般不少于 100 000 m²。主样地设置为 200 m×200 m 的监测样地。可在监测区域内，选择 2～4 个与主样地生态系统类型相同、长期受人类活动干扰，并具有很强可比性的地段作为辅助样地，进行长期观测。

2. 样方设计

（1）样方面积按照地面植被和生态类型确定。草本及矮小灌木草原样方面积为 1 m×1 m。具有灌木及高大草本植物的草原样方面积为 10 m×10 m 或 5 m×20 m，里面的草本及矮小灌木小样方面积为 1 m×1 m。

（2）样方间距离不得小于遥感影像资料的分辨率。用 MODIS 资料进行遥感监测时，样方间水平间距 ≥ 250 m。

（3）草本及矮小灌木草原的监测点设置的样方数量 ≥ 30 个。具有灌木及高大草本植物草原的监测点设置的样方数量 ≥ 10 个，每个样方内应设置草本及矮小灌木样方 ≥ 3 个。每个禁牧小区内应设置草本及矮小灌木小样方 ≥ 3 个。

（三）荒漠生态系统

1. 区域设置

荒漠生态系统设置在本地区最具典型性和代表性的地段，要地势平坦、开阔，土壤和植被分布比较均匀。在主样地四周 100 m 范围内，不能有大的风蚀区，也不能处于正在快速移动的流动沙丘的下风向，以避免受到风蚀或沙流的影响。

主样地的面积应为 100 m×100 m；个别地点如受自然条件限制，也必须保证不小于 50 m×50 m。辅助样地面积应为 100 m×100 m，周围 50 m 范围内不能有风蚀区。

2. 样方设计

荒漠生态系统各群落类型的监测样方，要求至少有 5～10 个重复。由于荒漠生态系统植被较为稀疏，乔木植被最好采用 100 m×100 m 或 50 m×50 m 的大样方。灌木、半灌木植被采用 10 m×10 m 或 5 m×5 m 的样方，草本植物采用 1 m×1 m 的样方。

（四）湿地生态系统

1. 区域设置

（1）沼泽。在生态系统中最具有代表性的区域设置主样地。另外，在沼泽各类型生态区内，选择面积较小的辅助样地。

（2）湖泊、水库、池塘、河流。河流采样断面按下列方法与要求布设（见表 3-2）：城市或工业区河段，应布设对照断面、控制断面和削减断面；污染严重的河段可根据排污口分布及排污状况，设置若干控制断面，排污量不得小

于本河段总量的 80%；本河段内有较大支流汇入时，应在汇合点支流上游处及充分混合后的干流下游处布设断面；出入境国际河流、重要省际河流等水环境

敏感水域，在出入本行政区界处应布设断面；水质稳定或污染源对水环境无明

显影响的河段，可只布设一个控制断面；水网地区应按常年主导流向设置断面；有多个岔路时应设置在较大干流上，径流量不得少于总径流量的 80%。

表 3-2　江河采样垂线布设

水面宽 /m	采样正线布设	岸边有污染带	相对范围
< 50	1 条（中泓处）	如岸边有污染带增设 1 条垂线	
50 ~ 100	左、中、右 3 条	3 条	左、右设在距湿岸 5 ~ 10 m 处
100 ~ 1 000	左、中、右 3 条	5 条（增加岸边 2 条）	岸边垂线距湿岸边 5 ~ 10 m 处
> 1 000	3 ~ 5 条	7 条	

潮汐河流采样断面布设应遵守下列要求：设有防潮闸的河流，在闸的上、下游分别布设断面；未设防潮闸的潮汐河流，在潮流界以上布设对照断面，潮流界超出本河段范围时，在本河段上游布设对照断面；在靠近入海口处布设削减断面；入海口在本河段之外时，设在本河段下游处；控制断面的布设应充分考虑涨、落潮水流变化。

湖泊（水库）采样断面按以下要求设置：在湖泊（水库）主要出入口、中心区、滞留区、饮用水源地、鱼类产卵区和游览区等应设置断面；主要排污口汇入处，视其污染物扩散情况在下游 100 ~ 1 000 m 处设置 1 ~ 5 条断面或半断面；峡谷型水库，应该在水库上游、中游、近坝区及库层与主要库湾回水区布设采样断面；湖泊（水库）无明显功能分区，可采用网格法均匀布设，网格大小依湖、库面积而定；湖泊（水库）的采样断面应与断面附近水流方向垂直。

2. 样方设计

（1）沼泽。主样地面积应大于 4 hm^2。在主样地内划出固定监测样方，一般说来，灌木、半灌木植被采用 10 m × 10 m 或 5 m × 5 m 的样方，草本植物采用 1 m × 1 m 的样方。

（2）湖泊、水库、池塘、河流。河流、湖泊（水库）的采样点布设要求：河流采样垂线上采样点布设应符合表 3-3 规定，特殊情况可按照河流水深和待测分布均匀程度

确定；湖泊（水库）采样垂线上采样点的布设要求与河流相同，但出现温度分层现象时，应分别在表层、斜温层和亚温层布设采样点；水环境封冻时，采样点应布设在冰下水深0.5 m处，水深小于0.5 m时，在1/2水深处采样。

表3-3　河湖采样点布设

水深 /m	采样点数	位置	说明
< 5	1	水面下 0.5 m	不足 1 m 时，取 1/2 水深
5 ~ 10	2	水面下 0.5 m，河底上 0.5 m	如沿垂线水质分布均匀，可减少中层采样点
> 10	3	水面下 0.5 m，1/2 水深，河底以上 0.5 m	潮汐河流应设置分层采样点

第三节　野外监测与采样

生态环境地面监测内容包括生物要素监测和环境要素监测两大类。生态系统各要素的监测时间和频次详见表3-4。

表3-4　生态系统各要素的监测时间和频次

监测要素		监测时间	监测频次
生物要素	陆地植物群落	每年 5 ~ 10 月	1 次 / 年（乔木层每 3 ~ 5 年一次）
	湖泊生物群落	每半年监测 1 次	2 次 / 年
环境要素	水	每季度监测 1 次	4 次 / 年
	大气	每季度监测 1 次	4 次 / 年
	土壤	每 3 年监测 1 次	1 次 /3 年
	底泥	每半年监测 1 次，与生物要素同步采样	2 次 / 年
	气象	利用自动气象站监测	自动监测

以下将从植物群落和动物群落两个方面详细介绍森林、草地、荒漠和湿地等四类生态系统生物要素的野外监测与采样方法。

一、森林生态系统野外监测与采样

（一）仪器与用具

测绳、测树围尺、1.3 m标杆、样方框、米绳、剪刀、布袋或纸袋、卡尺、电子天平、调查表、测高仪、枝剪、镐头、标签、铁锹、木锯、皮尺、塑料绳、罗盘、地形图、海拔表、高精度 GPS、醒目的标桩、带有编号的标牌、固定标牌的铁钉或铁丝等。

（二）样地背景与生境描述

森林生态系统是以乔木为主体的生物群落（包括植物、动物和微生物）及其非生物环境（光、热、水、气、土壤等）综合组成的生态系统。森林生态系统分布在湿润或较湿润的地区，其主要特点是动物种类繁多，群落的结构复杂，种群的密度和群落的结构能够长期处于稳定的状态。

植物群落学研究中，样地生境描述是必不可少的，是野外调查不可缺少的基础资料。业务调查记录应当既简要又规范，便于识别和操作。首先对选定样地做一个总的描述，描述内容主要包括植被类型、植物群落名称。这些因子大多数可以通过直观的观察确定，如植被类型、植物群落名称、地貌地形、水分状况、人类活动、动物活动以及岩体特征等，通常只需要定性的描述即可。

（三）植物群落调查

1. 调查内容

（1）物种调查。乔木层记录种名（中文名和拉丁名）。进行每木调查：

测量胸径（实测，通常采用离地面 1.3 m 处）和高度、冠幅（长、宽）、枝下高；每木调查起测径级为 1.3 m。基于每木调查数据，统计种数、优势种、优势种平均高度和密度。

灌木层记录种名（中文名和拉丁名），分种调查株数（丛数）、株高或丛平均高，并记录调查时所处的物候期。然后基于分种调查，按样方统计以下群落特征：种数、优势种、密度 / 多度。

草本层记录种名（中文名和拉丁名），分种调查株数、高度和生活型，并记录调查时所处的物候期；按样方统计种数、优势种、多度。

附（寄）生植物记录种名（中文名和拉丁名），分种调查多度、生活型、附（寄）主种类，藤本植物记录（中文名和拉丁名），分个体或分种调查基径。

（2）分布。个体或种群经纬度及海拔高度。

（3）习性。乔木、灌木、木质藤本，常绿或落叶。

（4）数量。种群数量及大小、分布面积。

（5）林分性质。起源、组成、林龄、生长情况等。

（6）生境状况。分布区域相关的自然地理等环境因子。

（7）植物学特征与生物学特征。形态特征、繁殖方式、花期、果期等。

（8）用途。用材、水土保持、观赏、果树、药用等。

（9）资金来源。野生、栽培、外来等。

（10）经济林木的开发利用现状及资源流失现状。

（11）受威胁现状及因素。

（12）保护管理现状。保护等级、就地保护、迁地保护、未保护等。

2. 调查方法

调查工作要选择在大部分植物种类开花或结实阶段进行。同一个区域，应
该在不同的季节开展调查（2次以上），尽可能地将该区域的林木种类及相关内容
调查详尽。针对不同调查内容，采用相应的调查方法。

（1）样线（带）调查。按照已有的路径或设定一定的线路，详细调查林木种类及
相关信息。

（2）样方调查。根据调查区域内植物群落分布状况，按不同海拔、坡向设置一定
数量、面积的样方，在样方内详细调查森林物种、生产力及相关信息。

（3）全查法。调查样地内森林物种、生产力及相关信息。

3. 标本采集与鉴定

在进行观察和研究时，必须准确鉴定并详细记录群落中所有植物种的中文名、拉丁
名以及所有属的生活型。对不能当场鉴定的，一定要采集带有花或果的标本（或做好标
记），以备在花果期鉴定。

4. 多度的测定

多度是指某一植物种子群落中的数目。确定多度最常用的方法有两种，一是直接点
数法，二是目测估计法。植物个体小而数量大时，如对草本和矮灌木常用目测估计法，
对于乔木等大树多用直接点数法。目测估计法是指按预先确定的多度等级来估计单位面
积上的个体数。

5. 密度

密度是单位面积上某植物种的个体数目，通常用计数方法测定。种群密度从某种程
度上决定着种群的能流、种群内部生理压力的大小、种群的散布、种群的生产力及资源
的可利用性。密度的测定只限于一定面积才能计算，因此密度通常用样方测定。这种测
定与取样单位的大小无关，可以说是绝对的。但是密度是平均数，由于分布格局的差异，
不同样方内的数字可能有很大的差异，所以样方大小和数目会影响调查结果。所以，要
合理确定样方面积和数量。

6. 盖度

植物盖度是指植物地上部分的垂直投影面积占样地面积的百分比。盖度是群落结构
的一个重要指标，它不仅可以反映植物所有的水平空间的大小，还可以反映植物之间的
相互关系，在一定程度上还是植物利用环境及影响环境程度的反映。盖度一般分为投影
盖度和基盖度，投影盖度是植物枝叶所覆盖的土地面积，是通常所指的盖度概念，基盖
度是指植物基部的盖度面积。投影盖度又可以分为种盖度（分盖度）、种组盖度（层盖
度）和群落盖度（总盖度）。盖度通常用百分数表示，也可用等级来表示，主要有目测
法、样线法和照相法三种测定方法。

7. 高度

植株高度指从地面到植物茎叶最高处的垂直高度。它是反映某种植物的生活型、生长情况以及竞争和适应能力的重要指标，也是反映植物地上生物产量的重要参数。高度可以实测也可以目测，一般乔木用目测，灌木和草本用实测。

群落高度是指从地面到植物群落最高点的高度，它是反映植物群体高度的重要参数。对于多层次群落，在测量群落高度时要分层测定各层高度。测量时应多点测量，求平均值。

8. 生活型

植物生活型是植物对于综合生境条件长期适应而在外貌上反映出来的植物类型，其通常根据更新芽距离地面的位置确定，可以简单地划分为乔木、灌木、半灌木、木质藤本、多年生草本、一年生草本、垫状植物等。

9. 生物量

森林乔木层生物量的测定普遍采用维度分析法，即通过测定植物的高度（或高度和胸径），利用事先建立的植物各部位（地上部分包括树干、枝条、叶片、花果、树皮；地下部分包括细根和粗根）干重与植物高度直接的相关模型，计算每个植株各部位的干重。将各部位的干重相加得到整株植物的干重，把所有植株的干重相加，便得到整个样地乔木层植物的干重。

灌木层生物量的测定方法与乔木层基本一致。灌木一般只测定基部直径，而非胸径。

草本层生物量采用收割法测定。设置 10 个 2 m×2 m 的样方，将样方中的植物地上部分按种剪下，称鲜重和干重，挖出地下部分，冲洗烘干称重。

10. 叶面积指数

叶面积指数是指一定投影面积上所有植物叶面积之和与投影面积的比值。它是反映植物群落生产力的重要参数。森林生态系统的叶面积指数测定一般采用冠层分析仪法或称重法。

（四）鸟类调查

1. 调查时间和频度

一年中在鸟类活动高峰期内选择数月进行观察，在每个观察月份中，确定数天进行连续观察，观察时段在鸟类活动的高峰期。

2. 调查方法

常用的方法有：样带法、样点法、样方法。观测工具包括标记木桩、带铃声自计步器、望远镜和记录表等。

（1）样带法（路线统计法）。根据监测区域的面积大小以及森林或生境的代表性，确定样带长度和宽度，进行鸟类种类和数量的观察。如果行进路线为直线，限定统计线路左右两侧一定宽度（25 m 或 50 m），以一定速度（如 2 km/h）行进，记录所观察到

的鸟的种类和数量，则可以求出单位面积上预见到的鸟的数量，是一个相对多度指标。通常，肉眼或合适倍数的望远镜观察，

有条件的地方或者必要的情形下可用数码摄像机拍摄观察。采用样带法应注意以下两点：调查者的行进速度要一定，行进过程不间断，否则间断时间要扣除；

统计时要避免重复统计，调查时由后向前飞的鸟不予统计，而由前向后飞的鸟要统计在内。

（2）样点法（样点统计法）。根据地貌地形、海拔高度、植被类型等划分不同的生境类型。在每种生境或植被类型内选择若干统计点，在鸟类的活动高峰期，逐点对鸟以相同时间频度（一般 5 ~ 20 min）进行统计。也可以点为中心划出一定大小的样方（250 m × 250 m），进行相同时间的统计。样点应随机选择，样点的距离要大于鸟鸣距离。

简化的样点统计法即"线—点"统计法。这种方法一般先选定一条统计路线，隔一定距离，如 200 m，标出一统计样点，在鸟类活动高峰期逐点停留，记录鸟的种类和数量，但在行进路线上不做统计。这种方法只统计鸟的相对多度，可以了解鸟类群落中各种鸟的相对多度及同一种鸟的种群季节变化。

（3）样方法。适合于鸟类成对或群居生活的繁殖季节，统计鸟的种群或群落。在观察区域内，每个垂直带设置 3 ~ 5 个一定面积大小（如 100 m × 100 m）的样方，用木桩或 PVC 管做标记。之后，对样方内的鸟或鸟巢全部计数，并定期（隔天或隔周）进行复查。如果样方内植被稠密、能见度差，可以将样方分段进行统计。采用样方法应注意以下两点：为便于核查和下次复查，对样方的调查线路、范围作用做标记，并按比例绘制反映植被、生境、鸟巢分布位置等的草图；记录其他说明资料，如周边建筑物、道路、河流、土地利用变化、自然灾害以及人为干扰等。

（五）大型野生动物调查

1. 调查地点
大型兽、中型兽的调查均采用样线调查法，在所围样方的对角线上进行。

2. 调查工具
路线图、GPS、望远镜、木板夹、计步器、油性记号笔。

3. 调查内容与方法
（1）大型兽种类调查。根据不同兽类的活动习性，分别在黄昏、中午、傍晚沿样线以一定速度前进，控制在每小时 2 ~ 3 km，统计和记录所遇到的动物、尸体、毛发及粪便，记录其数量及与样线的距离，连续调查 3 天，整理分析后得到种类名录。

（2）小型兽种类调查。每日傍晚沿每一样线放置木板夹 50 个，间隔为 5 m，于次日检查捕获情况。对捕获动物进行登记，同一样线连捕 2 ~ 3 天。根据调查和研究需要，不同森林生态系统类型的样地面积大小设置有所不同。热带森林样方通常面积为 40 m × 40 m，亚热带森林样方面积为 30 m × 40 m，温带森林样方面积为 20 m × 30 m。样线的确定是配合样方进行的。在样方确定后，从样方的中心点向一组对角线的方向延

伸约 1 km 的长度。

注意事项：首先对大型兽类和鸟类进行调查，原因是其比较容易受其他调查的影响；其次对森林昆虫和小型兽类进行调查；调查完毕后应将布置在样方及其对角线延伸线上的所有夹板全部取回，以免发生意外；避免重复计数。

（六）昆虫调查

1. 调查地点

森林昆虫种类的调查是在样方中所确定的样线上进行的。

2. 调查工具

黑光灯、昆虫网、采集伞、白布单、陷阱桶、毒瓶、三角纸袋、油性记号笔等。

3. 调查方法

根据昆虫的不同习性，采取不同的调查方法。

（1）观察和搜索法。沿样线观察乔木活立木、倒木、枯死木以及灌木，树皮裂缝和粗糙皮下、树干内，捕捉各种昆虫的成虫、幼虫、蛹、卵等。

（2）网捕法。利用捕虫网捕捉会飞善跳的昆虫。

（3）震落法。利用有些昆虫具有假死性的特点，突然猛击其寄主植物，使其落入网中。

（4）诱捕法。利用昆虫的各种趋性捕捉昆虫，又可分为灯光诱捕、食物诱捕等，可沿样线每隔一段距离放置不同的诱捕器具进行诱捕。沿着样线每隔 100 m 布放 1 个陷阱桶，共 10 个陷阱桶。

（5）陷阱法。可捕捉蟋、步甲等，可沿样线放置 10 个陷阱桶，每天统计捕获到的地上活动的昆虫及无脊椎动物。

二、草地生态系统野外监测与采样

（一）仪器与用具

样方框（1 m×1 m）、钢卷尺、剪刀、电子天平、布袋或者纸袋、毛刷、天平、铅笔、记录表、油性记号笔等。

（二）样地背景与生境描述

对选定的草地生态系统样地做总体描述，内容包括植被类型、植物群落名称、群落主要层片的高度、地理位置（包括经度、纬度、海拔高度等）、地形地貌（包括坡向、坡位、坡度）、水分状况、利用方式（放牧、打草、无干扰）、利用强度、人类活动、动物活动、演替特征、土壤类型等，均可以通过直接观察确定，只需要定性描述即可。

（三）植物群落调查

1. 调查内容与方法

草本层记录种名（中文名和拉丁名），分种调查株数、高度和生活型。记录调查时所处的物候期，按样方统计种数、优势种、多度。

2. 植物种的鉴定

在进行观察和研究时，必须准确鉴定并详细记录群落中所有植物种的中文名、拉丁名以及所有属的生活型。对不能当场鉴定的，一定要采集带有花或果的标本（或做好标记），以备在花果期鉴定。

3. 生物量

地上生物量采用样方收获法测定。将样方内的植物齐地面剪下，装入袋中并编号，带回实验室分别称其鲜重和干重。

4. 叶面积指数

草地生态系统叶面积指数的测定一般采用方便准确的叶面积仪法，另外还有干重法和长宽系数法，相对简便实用。

（四）鸟类调查

一年中在鸟类活动高峰期内选择数月进行观察，在每个观察月份中，确定数天进行连续观察，观察时段在鸟类活动的高峰期，记录所观察到的鸟的种类和数量，则可以求出单位面积上预见到的鸟的数量，是一个相对多度指标。

（五）大型野生动物调查

（1）大型兽种类调查。根据不同兽类的活动习性，分别在黄昏、中午、傍晚沿样线以一定速度前进，控制在每小时 2 ~ 3 km，统计和记录所遇到的动物、尸体、毛发及粪便，记录其与样线的距离及数量，连续调查 3 天，整理分析后得到种类名录。

（2）小型兽种类调查。每日傍晚沿每一样线布放置木板夹 50 个，间隔为 5 m，于次日检查捕获情况。对捕获动物进行登记，同一样线连捕 2 ~ 3 天。

（六）昆虫调查

调查地点：昆虫种类的调查是在样方中所确定的样线上进行。

调查工具：黑光灯、昆虫网、采集伞、白布单、陷阱桶、毒瓶、三角纸袋、油性记号笔等。

调查方法：根据昆虫的不同习性，采用不同的调查方法。参见森林生态系统野外监测与采样。

三、荒漠生态系统野外监测与采样

（一）仪器与用具

样方框（1 m×1 m）、钢卷尺、测绳、皮尺、剪刀、电子天平、布袋或者纸袋、毛刷、铅笔、记录表、油性记号笔等。

（二）样地背景与生境描述

对选定的荒漠生态系统样地做总体描述，内容包括植被类型、植物群落名称、群落主要层片的高度、地理位置（包括经度、纬度、海拔高度等）、地形地貌（包括坡向、坡位、坡度）、水分状况、人类活动、动物活动、演替特征、土壤类型等，均可以通过直接观察确定，只需要定性描述即可。

（三）植物群落调查

1. 调查内容与方法

草本层记录种名（中文名和拉丁名），分种调查株数、高度和生活型。记录调查时所处的物候期，按样方统计种数、优势种、多度。

2. 植物种的鉴定

在进行观察和研究时，必须准确鉴定并详细记录群落中所有植物种的中文名、拉丁名以及所有属的生活型。对不能当场鉴定的，一定要采集带有花或果的标本（或做好标记），以备在花果期鉴定。

3. 生物量

荒漠灌木一般种类较少，且生长低矮、分布密度较小，测定其生物量时可先统计样方内每种灌木的丛数，按照大小等级分为若干组，测定每个大小等级标准单丛的生物量，乘以丛数即可计算出样方内各种类灌木的生物量。　草本植物生物量的测定参照草地生态系统野外监测与采样。

4. 土壤有效种子库

在群落内随机设置 20 cm×20 cm 的小样方 5～10 个，持刀沿框四边切入土壤，每 4 cm 为一层，分 5 层取样。采用过筛法和发芽试验法从土壤中分离种子，分类计数进而计算单位面积土壤种子库种子数量。

四、湿地生态系统野外监测与采样

样方框（1 m×1 m）、钢卷尺、剪刀、电子天平、布袋或纸袋、调查表、油性记号笔等。

（二）水生动植物调查

1. 浮游植物种类组成与现存量

在获得的浓缩样品中取部分子样品，并通过显微镜计数获得其中浮游植物数量后再乘以相应的倍数，得到单位体积中浮游植物数量（丰度）。再根据生物体近似几何图形测量长、宽、厚，并通过求积公式计算出生物体积，假定其密度为 1 则获得生物量。

2. 大型水生植物种类组成与现存量

在水体中选取垂直于等深线的断面，在断面上设样点，作为小样本，用带网铁铗进行定量采集，共选取若干断面，由样本结果推断总体。

3. 浮游动物种类组成与现存量

在淡水水域中浮游动物主要由原生动物、轮虫、枝角类和桡足类四大类水生无脊椎动物组成，其监测方法与浮游植物监测方法基本相同。

4. 底栖动物种类组成与现存量

在水体中选择有代表性的点位用采泥器进行采集作为小样本，由若干小样本连成的若干断面为大样本，然后由大样本推断总体。底栖动物采样点要尽可能与水的理化分析采样点一致以便于数据的分析比较。

5. 鱼类

鱼类样品的采集一般采用捕捞和收集渔民的渔获物相结合的方法。按照鱼类分类学方法鉴定样品种类。

（三）陆生动植物调查

野生动物调查时间应选择在动物活动较为频繁、易于观察的时间段内。水鸟数量调查分繁殖季和越冬季，繁殖季一般为每年的 5～6 月，越冬季为 12 月～翌年 2 月。各地应根据本地的物候特点确定最佳调查时间，其原则是：调查时间应选择调查区域内的水鸟种类和数量均保持相对稳定的时期；调查应在较短时间内完成，一般同一天内数据可以认为没有重复计算，面积较大区域可以采用分组方法在同一时间范围内开展调查，以减少重复记录。两栖和爬行类调查季节为夏季和秋季入蛰前。

湿地野生动物野外调查方法分为常规调查和专项调查。常规调查是指适合于大部分调查种类的直接技术法、样方调查法、样带调查法和样线调查法，对于分布区域狭窄而集中、习性特殊、数量稀少，难于用常规调查方法调查的种类，应进行专项调查。

1. 水鸟调查

水鸟调查采用直接计数法和样方法，在同一个湿地区中同步调查。

直接计数法：调查时以步行为主，在比较开阔、生境均匀的大范围区域，可借助汽车、船只进行调查，有条件的地方还可以开展航调。

样方法：通过随机取样来估计水鸟种群的数量。在群体繁殖密度很高的或难以进行直接计数的地区可采用此方法。样方大小一般不小于 50 m×50 m，同一调查区域样方数量应不低于 8 个，调查强度不低于 1%。

2. 两栖、爬行动物调查

两栖、爬行动物以种类调查为主，可采用野外踏查、走访和利用近期的野生动物调查资料相结合的方法，记录到种或亚种。依据看到的动物实体或痕迹进行估测，在调查现场换算成个体数量。野外调查可采用样方法。样方尽可能设置为正方形、圆形或矩形等规则几何图形，样方面积不小于 100 m × 100 m。

3. 兽类调查

以种类调查为主，可采用野外踏查、走访和利用近期的野生动物调查资料相结合的方法，记录到种或亚种。依据看到的动物实体或痕迹进行估测，在调查现场换算成个体数量。宜采用样带调查法和样方法，样带长度不小于 2 000 m，单侧宽度不低于 100 m；样方大小一般不小于 50 m × 50 m。

4. 样地植物群落调查

调查对象主要包括四大类型，分别为被子植物、裸子植物、蕨类植物和苔藓植物。

乔木植物：样方面积为 400 m^2（20 m × 20 m）。

灌木植物：平均高度 ≥ 3 m 的样方面积为 16 m^2，平均高度在 1 ~ 3 m 之间的样方面积为 4 m^2，平均高度 < 1 m 的样方面积为 1 m^2。

草本植物：平均高度 ≥ 2 m 的样方面积为 4 m^2，平均高度在 1 ~ 2 m 之间的样方面积为 1 m^2，平均高度 < 1 m 的样方面积为 0.25 m^2。

苔藓植物：样方面积为 0.25 m^2 或者 0.04 m^2。

第四节　生物要素监测的质量保证与质量控制

生物要素监测中，质量控制是一个连续的过程，应当包括程序的所有方面，从采样点位设置与管理、野外样品采集及保存到生境评价、实验室处理及数据记录，野外确认应当在选择的点位完成，包括从原始采样点位邻近的点位采集重复样品。邻近点位的生境及胁迫因子应当与原始点位相似。采样 QC 数据应当在第一年采样之后进行评估，以便确定合格的可变性水平以及适当的重复频率。

一、监测点位的布设

在生态环境监测中，监测点位的布设应遵循尺度范围原则、信息量原则和经济性、代表性、可控性及不断优化的原则。在空间尺度上，应能覆盖研究对象的范围，不遗漏关键点位，能反映所在区域生态环境的特性；在时间尺度上，应能满足研究工作的需要，符合生态环境的变化规律；尽可能以最少的点位/断面获取有足够代表性的环境信息；还应考虑实际采样时的可行性和方便性。

具体措施如下：

（1）生物监测采样点的布设应尽量与环境要素采样点位/断面一致。

（2）有历史数据的监测点位还应设点以与历史数据相比较。

（3）在研究对象的周边相似区域设置对照点。

（4）监测点位或监测带的监测项目应视工作需要设置，尽可能包括更多的生物要素，以对监测对象生态环境有更全面的了解。

（5）采样点位一经确定，不得随意改动。应建立采样点管理档案，内容包括采样点性质、名称、位置、编号、历史监测项目等。

二、样品的采集与保存

生物样品的野外采集必须由合格的、经过培训的采样人员完成，并有专业分类学者随行。采样人员必须按照规范的采样方法采集样品，及时添加样品保护剂，分类保存；分类学者必须熟悉生物监测要素的样品特性，能对需要特别保存的生物标本进行处理，此外还需熟悉地方性和区域性种类区系。

采样时应填写完整的采样记录，记录应包括以下内容：采样点名称、位置、编号、点位性质、采样时间、天气情况、采样人、采样点环境状况、采样方法、采集要素、采样工具型号及规格、采样量、现场监测内容、必要的标本保存记录和照片等。

为防止采样过程及采样记录出现问题，应有以下措施：

（1）每次野外工作，要求至少有 2 位合格的、经过培训的采样人员，至少有 1 位有经验或经过培训的分类学者参与。

（2）选择保存的标本，那些不易在野外鉴定的标本应保存并带回实验室，由另一位合格的分类学者进行实验室核查或检查。标本应按正确的方法固定、标记。如有必要，样品固定后开始填写保管链报表，必须包含与样品瓶标签相同的信息。

（3）必须保证所有野外设备处于良好的运行状态，制订常规检查、维护及校准的计划，以确保野外数据的一致性和质量。野外数据必须完整、清晰，应当录入标准的野外数据表。

（4）野外作业时，野外监测团队应当携带足够所有预期采样点位使用的标准数据表和保管链表格复印件，以及所有适用的标准操作规程。

（5）野外样品必须采集一定数量的平行样品。

（6）需带回实验室分析的样品必须妥善保管，确保样品不丢失、不破损，也不在运输途中受到污染，迅速、准确、无误地将样品与采样记录一并带回实验室，需进行活体观察的样品需尽快监测，如需保存应保证样品存活。

（7）样品移交实验室时，交接双方应一一核对样品，并在样品流转记录表上签字。

三、实验室分析质控程序

在取得了有代表性的样品后，样品分析数据的准确性与精密性取决于实验室的分析工作。首先必须采用准确可靠的分析方法，实验室内部与实验室间应采用统一的分析方法，以减少因不同分析方法带来的数据可比性的损失。对生物监测实验室分析仪器、分析人员、试剂、水、分析环境的基本要求参考实验室资质认定方法和实验室质量保证与质量控制方法。对湿地生态系统进行生物监测，实验室分析的质量保证和质量控制有以下特殊要求：

（1）样品分析应由具备相应监测资质的实验人员进行，并抽取一定比例样品由另外的监测人员比对分析结果。

（2）每个计数样品需分析两次，两次计数结果相对偏差应小于 15%，否则应进行第三次计数。

（3）优势种或地区新记录种应尽量鉴定至最低分类阶元，保存标本，并拍摄照片保存。

（4）无法识别的标本、新种及地区新记录种应请相关专家协助鉴定并保留代表性凭证标本。

（5）野外鉴定的每个物种，都应当用另一个标本瓶保留子样品。凭证标本必须按照正确方法固定、标记，并保存于实验室，留待以后参考。

（6）凭证标本应当由另一位具备相应监测资质的实验人员进行核查。将"已查验"的字样和查验鉴定结果的分类学者的姓名，添加在每个凭证标本的标签上。实验室送至分类学专家处的标本，应当记录在分类查验记录本上，注
明标签信息和送出日期。标本返回时，接收日期及查验结果以及查验人员的姓名，也应记录在记录本上。

（7）完成处理的样品可以在样品登记记录本上跟踪信息，以便跟踪每个样品的进展情况。每完成一步，及时更新样品登记日志。

（8）分类学文献资料库、图谱库、样品标本库是辅助标本鉴定的必备材料，应当保存在实验室。

四、数据处理及记录

生物要素分析结果的数据统计处理要求参考实验室资质认定方法和实验室质量保证与质量控制方法。另外，对数据统计及处理的质量保证和质量控制有以下特殊要求：

（1）生物监测中涉及的相关指数计算方法应一致。

（2）指数计算过程中参考的相关资料应适用于当地生态系统状况，并与历史数据及实验室间有可比性。

第五章 水环境监测与保护

第一节 概　述

一、水环境监测的重要性

水是人类赖以生存的资源。人口数量的不断增加，各行各业的快速发展，使得人类对于水资源的需求量越来越大。但是，当前水资源面临着严重的短缺、污染问题，尤其是在近年来化工业、建筑业、农业快速发展的背景下，大量废水、污水的肆意排放对水环境造成了严重的污染，对人类用水安全造成了极大的威胁。在此情形下，通过对水环境进行有效的监测，能够为后期的水污染防治工作的开展提供重要的帮助。水环境监测能够实现对水体多项指标的监测，如溶解氧、化学需氧量、无机氮、有机氮含量等。通过分析各项监测数据和指标，明确水体污染程度，并制定切实可行、科学有效的水污染防治对策，进而逐渐恢复水环境，减轻水污染，满足人类用水质量需求。

二、水环境监测的内容

水环境监测主要包括两个方面的内容。一是地表水监测。在地表水监测过程中，要做好对水源常规水因子的调查工作，并结合调查结果分析水质状况，明确水源被污染程度。要重视对水源污染因子的调查工作，进而明确水源污染原因、污染成分、含量和污染范围。在调查过程当中，为保证调查结果的准确性，应选择在晴朗天气、水流较小的环境下调查取样，同时要选择在多个时间段取样调查，以便更好地保证地表水取样的有效性、代表性及监测结果的准确性。二是地下水监测。近年来，社会快速发展，对于地下水的需求量越来越大，因此要重视地下水监测工作，全面掌握地下水质量状况。目前，地下水监测大多是通过抽检的方式完成的，通过采样并展开分析，最终明确地下水的硫酸盐、氟化物、铁等成分的含量，使得当地水文特点更加明确。

三、水环境监测的质量控制方法

为获得精准的水环境监测数据、结果，要认真做好水环境监测质量控制工作。具体来说，应从以下两个方面入手。

首先，在水环境监测前，需要准备好相应的监测仪器设备，做好对仪器设备的检修维护工作，保证其能正常使用，避免监测工作出现误差。在采集、运输、制备、测试水质样品时，要严格按照相应的规范、标准、流程进行，便于所采集的样品具备较高的代表性。要严格按照规定存放水样，如：冷藏处理、保温处理等，保证水样稳定。

其次，在监测试验过程中，要严把质量关，试验人员应具备较高的专业水平，正确操作仪器设备，确保试验操作规范，包括样品布点、收集、运输、保存，标准液配制标定，天平、玻璃量器校准，试剂检验，等等，避免出现差错，以获得准确有效的监测试验数据。要严格控制试验环境，包括温度、湿度等，均要符合试验标准要求，试验人员要做到持证上岗，制定规范的试验流程、顺序，规范操作使用试验仪器设备，避免出现违规操作、错误操作等现象，避免对试验数据造成影响，提升水环境监测试验质量，获得准确、有效、有价值的试验数据，为接下来的水污染治理工作的开展提供重要的参考依据。

第二节 水质检测方案的制订

监测方案是一项监测任务的总体构思和设计，监测方案的制订需要考虑和明确以下内容：监测目的，监测对象，监测项目，监测断面的种类、位置和数量，采样时间和采样频率，采样方法和分析测定技术，水样的保存、运输和管理方法，监测报告要求，质量保证程序、措施和方案，等等。

不同水体的监测方案稍有差别，以下分别对其进行介绍。

一、地表水监测方案的制订

（一）基础资料的调查和收集

在制订监测方案之前，应尽可能完备地收集欲监测水体及所在区域的有关资料，主要有以下几方面。

（1）水体的水文、气候、地质和地貌资料。如水位、水量、流速及流向的变化，降雨量、蒸发量及历史上的水情，河流的宽度、深度、河床结构及地质状况，湖泊沉积物的特性、间温层分布、等深线，等等。

（2）水体沿岸城市分布、工业布局、污染源及其排污情况、城市给排水情况等。

（3）水体沿岸的资源现状和水资源的用途、饮用水源分布和重点水源保护区、水体流域土地功能及近期使用计划等。

（4）历年的水质监测资料等。

（二）监测断面和采样点的设置

监测断面即采样断面，一般分为四种类型，即对照断面、控制断面、削减断面和背景断面。对于地表水的监测来说，并非所有的水体都必须设置四种断面。国家标准《采样方案设计技术规定》（HJ 495—2009）中规定了水（包括底部沉积物和污泥）的质量控制、质量表征、污染物鉴别及采样方案的原则，强调了采样方案的设计。

采样点应在调查研究、收集有关资料、进行理论计算的基础上，根据监测目的和项目以及考虑人力、物力等因素来确定。

1. 河流监测断面和采样点设置

对于江、河水系或某一个河段，水系的两岸必定遍布很多城市和工厂企业，由此排放的城市生活污水和工业污水成为该水系受纳污染物的主要来源，因此要求设置四种断面，即对照断面、控制断面、削减断面和背景断面。

（1）对照断面。具有判断水体污染程度的参比和对照作用或提供本底值的断面。它是为了解流入监测河段前的水体水质状况而设置的，这种断面应设在河流进入城市或工业区以前的地方。设置这种断面必须避开各种污水的排污口或回流处，常设在所有污染源上游处，如排污口上游 100 ~ 500 m 处，一般一个河段只设一个对照断面（有主要支流时可酌情增加）。

（2）控制断面。指为及时掌握受污染水体的现状和变化动态，进而进行污染控制而设置的断面。这类断面应设在排污区下游，较大支流汇入前的河口处；湖泊或水库的出入河口及重要河流入海口处；国际河流出入国境交界处及有特殊要求的其他河段（如邻近城市饮水水源地、水产资源丰富区、自然保护区、与水源有关的地方病发病区等）。控制断面一般设在河水基本混合处，如排污口下游 500 ~ 1 000 m 处。断面数目应根据城市工业布局和排污口分布情况而定。

（3）削减断面。指设置在控制断面下游主要污染物浓度显著下降至稳定值处的断面。这种断面常设在城市或工业区最后一个排污口下游 1 500 m 以外的河段上。

（4）背景断面。当对一个完整水体进行污染监测或评价时，需要设置背景断面。对于一条河流的局部河段来说，通常只设对照断面而不设背景断面。

背景断面一般设置在河流上游不受污染的河段处或接近河流源头处，尽可能远离工业区、城市居民密集区和主要交通线以及农药和化肥施用区。通过对背景断面的水质监测，可获得该河流水质的背景值。

在设置监测断面后，应先根据水面宽度确定断面上的采样垂线，然后再根据采样垂线的深度确定采样点数目和位置。一般是当河面水宽小于 50 m 时，设一条中泓垂线；当河面水宽为 50～100 m 时，在左右近岸有明显水流处各设一条垂线；当河面水宽为 100～1 000 m 时，设左、中、右三条垂线；当河面水宽大于 1 500 m 时，至少设 5 条等距离垂线。每一条垂线上，当水深小于或等于 5 m 时只在水面下 0.3～0.5 m 处设一个采样点；当水深为 5～10 m 时，在水面下 0.3～0.5 m 处和河底以上约 0.5 m 处各设 1 个采样点；当水深为 10～50 m 时，要设三个采样点，水面下 0.3～0.5 m 处一点，河底以上约 0.5 m 处一点，1/2 水深处一点；水深超过 50 m 时，应酌情增加采样点个数。

监测断面和采样点位置确定后，应立即设立标志物。每次采样时以标志物为准，在同一位置上采样，以保证样品的代表性。

2. 湖泊、水库中监测断面和采样点的设置

湖泊、水库中监测断面设置前，应先判断湖泊、水库是单一水体还是复杂

水体，考虑汇入湖、库的河流数量、水体径流量、季节变化及动态变化、沿岸污染源分布等，然后按以下原则设置监测断面。

（1）在进出湖、库的河流汇合处设监测断面。

（2）以功能区为中心（如城市和工厂的排污口、饮用水源、风景游览区、排灌站等），在其辐射线上设置弧形监测断面。

（3）在湖库中心，深、浅水区，滞流区，不同鱼类的回游产卵区，水生生物经济区等设置监测断面。

湖、库采样点的位置与河流相同。但由于湖、库深度不同，会形成不同水温层，此时应先测量不同深度的水温、溶解氧等，确定水层情况后，再确定垂线上采样点的位置。位置确定后，同样需要设立标志物，以保证每次采样在同一位置上。

（三）采样时间和频率的确定

为使采取的水样具有代表性，能反映水质在时间和空间上的变化规律，必须确定合理的采样时间和采样频率。一般原则如下。

对较大水系干流和中、小河流，全年采样不少于 6 次，采样时间分为丰水期、枯水期和平水期，每期采样两次；流经城市、工矿企业、旅游区等的水源每年采样不少于 12 次；底泥在枯水期采样 1 次；背景断面每年采样 1 次。

二、地下水监测方案的制订

地球表面的淡水大部分是贮存在地面之下的地下水，所以地下水是极宝贵的淡水资源。地下水的主要水源是大气降水，降水转成径流后，其中一部分通过土壤和岩石的间隙渗入地下形成地下水。严格地说，由重力形成的存在于地表之下饱和层的水体才是地下水。目前大多数地下水尚未受到严重污染，但一旦受污，又非常难以通过自然过程或

人为手段予以消除。可供现成利用的地下水有井水、泉水等。

（一）基础资料的调查和收集

（1）收集、汇总监测区域的水文、地质、气象等方面的有关资料和以往的监测资料。例如，地质图、剖面图、测绘图，水井的成套参数，含水层、地下水补给、径流和流向，以及温度、湿度、降水量，等等。

（2）调查监测区域内城市发展、工业分布、资源开发和土地利用情况，尤其是地下工程规模、应用等；了解化肥和农药的施用面积和施用量；查清污水灌溉、排污、纳污和地表水污染现状。

（3）测量或查知水位、水深，以确定采水器和泵的类型、所需费用和采样程序。

（4）在完成以上调查的基础上，确定主要污染源和污染物，并根据地区特点与地下水的主要类型把地下水分成若干个水文地质单元。

（二）采样点的设置

（1）地下水背景值采样点的确定。采样点应设在污染区外，如需查明污染状况，可贯穿含水层的整个饱和层，在垂直于地下水流方向的上方设置。

（2）受污染地下水采样点的确定。对于作为应用水源的地下水，现有水井常被用作日常监测水质的现成采样点。当地下水受到污染需要研究其受污情
况时，则常需设置新的采样点。例如，在与河道相邻近地区新建了一个占地面
积不太大的垃圾堆场的情况下，为了监测垃圾中污染物随径流渗入地下并被地
下水挟带转入河流的状况，应设置地下水监测井。如果含水层渗透性较大，污染物会在此水区形成一个条状的污染带，那么监测井位置应处在污染带内。

一般地下水采样时应在液面下 0.3 ~ 0.5 m 处采样，若有间温层，可按具体情况分层采样。

（三）采样时间和频率的确定

采样时间与频率一般是：每年应在丰水期和枯水期分别采样检验一次，10 天后再采检一次可作为监测数据报出。

三、水污染源监测方案的制订

水污染源包括工业废水源、生活污水源、医院污水源等。在制订监测方案时，首先要进行调查研究，收集有关资料，查清用水情况、污水的类型、主要污染物及排污去向和排放量等。

（一）基础资料的调查和收集

1. 调查污水的类型

工业废水、生活污水、医院污水的性质和组成十分复杂，它们是造成水体污染的主要原因。根据监测的任务，首先需要了解污染源所产生的污水类型。工业废水、生活污

水、医院污水等所生成的污染物具有较大的差别。相对而言，工业废水往往是我们监测的重点，这是由于工业用水不仅在数量上而且在污染物的浓度上都是比较大的。

工业废水可分为物理污染污水、化学污染污水、生物及生物化学污染污水，以及混合污染污水。

2. 调查污水的排放量

对于工业废水，可通过对生产工艺的调查，计算出排放水量并确定需要监测的项目；对于生活污水和医院污水则可在排水口安装流量计或自动监测装置进行排放量的计算和统计。

3. 调查污水的排污去向

调查内容有：①车间、工厂、医院或地区的排污口数量和位置；②直接排入还是通过渠道排入江、河、湖、库、海中，是否有排放渗坑。

（二）采样点的设置

1. 工业废水源采样点的确定

含汞、镉、总铬、砷、铅、苯并芘等第一类污染物的污水，不分行业或排放方式，一律在车间或车间处理设施的排出口设置采样点。

含酸、碱、悬浮物、硫化物、氟化物等第二类污染物的污水，应在排污单位的污水出口处设采样点。

有处理设施的工厂，应在处理设施的排放口设点。为对比处理效果，在处理设施的进水口也可设采样点，进行采样分析。

在排污渠道上，选择道直、水流稳定、上游无污水流入的地点设点采样。

在排水管道或渠道中流动的污水，因为管道壁的滞留作用，使同一断面的不同部位流速和浓度都有变化，所以可在水面下 1/4 ~ 1/2 处采样，作为代表平均浓度水样采集。

2. 综合排污口和排污渠道采样点的确定

在一个城市的主要排污口或总排污口设点采样。在污水处理厂的污水进出口处设点采样。

在污水泵站的进水和安全溢流口处布点采样。

在市政排污管线的入水处布点采样。

（三）采样时间和频率的确定

工业废水的污染物含量和排放量常随工艺条件及开工率的不同而有很大差异，故采样时间、周期和频率的选择是一个比较复杂的问题。

一般情况下，可在一个生产周期内每隔 0.5 h 或 1 h 采样 1 次，将其混合后测定污染物浓度的平均值。如果取几个生产周期（如 3 ~ 5 个周期）的污水样监测，可每隔 2 h 取样 1 次。对于排污情况复杂、浓度变化大的污水，采样时间间隔要缩短，有时需要 5 ~ 10 min 采样 1 次，这种情况最好使用连续自动采样装置。对于水质和水量变化比

较稳定或排放规律性较好的污水，待

找出污染物浓度在生产周期内的变化规律后，采样频率可大大降低，如每月采样测定两次。

城市排污管道大多数受纳 10 个以上工厂排放的污水，由于在管道内污水已进行了混合，故在管道出水口，可每隔 1 h 采样 1 次，连续采集 8 h；也可连续采集 24 h，然后将其混合制成混合样，测定各污染组分的平均浓度。

我国《地表水和污水监测技术规范》（HJ/T 91—2002）中对向国家直接报送数据的污水排放源规定：工业废水每年采样监测 2 ~ 4 次；生活污水每年采样监测 2 次，春、夏季各 1 次；医院污水每年采样监测 4 次，每季度 1 次。

第三节　水样的采集、保存和预处理

采集具有代表性的水样是水质监测的关键环节。分析结果的准确性首先依赖于样品的采集和保存。为了得到具有真实代表性的水样，需要选择合理的采样位置、正确的采样时间和科学的采样技术。

一、水样的采集

采样前，要根据监测项目、监测内容和采样方法的具体要求，选择适宜的盛水容器和采样器，并清洗干净。采样器具的材质化学性质要稳定，大小形状适宜，不吸附待测组分，容易清洗，瓶口易密封。同时要确定总采样量（分析用量和备份用量），并准备好交通工具。

（一）采样设备

表层水样可用桶、瓶等容器直接采集。目前我国已经生产出不同类型的水质监测采样器，如单层采水器、直立式采水器、深层采水器、连续自动定时采水器等，广泛用于废水和污水采样。

常用的简易采水器，是一个装在金属框内用绳吊起的玻璃瓶或塑料瓶，框底装有重锤，瓶口有塞，用绳系牢，绳上标有高度。采样时，将采样瓶降至预定深度，将细绳上提打开瓶塞，水样即流入并充满采样瓶，然后用塞子塞住。

急流采水器适于采集地段流量大、水层深的水样。它将一根长钢管固定在铁框上，钢管是空心的，管内装橡皮管，管上部的橡皮管用铁夹夹紧，下部的橡皮管与瓶塞上的短玻璃管相接，橡皮塞上另有一长玻璃管直通至样瓶底部。采集水样前，需将采样瓶的橡皮塞子塞紧，然后沿船身垂直方向伸入特定水深处，打开铁夹，水样即沿长玻璃管流入样瓶中。此种采水器能隔绝空气采样，可供溶解氧测定。

此外还有各种深层采水器和自动采水器。

沉积物采样分表层沉积物采样和柱状沉积物采样。表层沉积物采样用各种掘式和抓式采样器，用手动绞车或电动绞车进行采样；柱状沉积物采样采用各种管状或筒状的采样器，利用采样器自身重力或通过人工锤击，将管子压入沉积物中直至所需深度，然后将管子提取上来，用通条将管中的柱状沉积物样品压出进行采样。

（二）盛样容器

采集和盛装水样或底质样品的容器要求材质化学稳定性好，保证水样各组分在贮存期内不与容器发生反应，能够抵御环境温度从高温到严寒的变化，抗震，大小、形状和重量适宜，能严密封口并容易打开，容易清洗并可反复使用。常用材料有高压聚乙烯塑料（P）、一般玻璃（G）和硬质玻璃或硼硅玻璃（BG）。不同监测项目水样容器应采用适当的材料。

水质监测，尤其是进行痕量组分测定时，常常因容器污染产生误差。为减少器壁溶出物对水样的污染和器壁吸附现象，须注意容器的洗涤方法。应先用水和洗涤剂洗净，用自来水冲洗后备用。常用洗涤法是用重铬酸钾－硫酸洗液浸泡，然后用自来水冲洗，并用蒸馏水荡洗；用于盛装重金属监测样品的容器，需用10%硝酸或盐酸浸泡数小时，再用自来水冲洗，最后用蒸馏水洗净。容器的洗涤还与监测对象有关，洗涤容器时要考虑到监测对象。如测硫酸盐和铬时，容器不能用重铬酸钾－硫酸洗液；测磷酸盐时不能用含磷洗涤剂；测汞时容器洗净后尚需用1+3硝酸浸泡数小时。

（三）采样方法

（1）在河流、湖泊、水库及海洋采样应有专用监测船或采样船，如无条件也可用手划或机动的小船。如果位置合适，可在桥或坎上采样。较浅的河流和近岸水浅的采样点可以涉水采样。采样容器口应迎着水流方向，采样后立即加盖塞紧，避免接触空气，并避光保存。深层水的采集，可用抽吸泵采样，利用船等行驶至特定采样点，将采水管沉降至规定的深度，用泵抽取水样即可。采集底层水样时，切勿搅动沉积层。

（2）采集自来水或从机井采样时，应先放水数分钟，使积留在水管中的杂质及陈旧水排除后再取样。采样器和塞子须用采集水样洗涤3次。对于自喷泉水，在涌水口处直接采样。

（3）从浅埋排水管、沟道中采集废（污）水，用采样容器直接采集。对埋层较深的排水管、沟道，可用深层采水器或固定在负重架内的采样容器，沉入检测井内采集。

（4）采用自动采水器可自动采集瞬时水样和混合水样。当废（污）水排放量和水质较稳定时，可采集瞬时水样；当排放量较稳定、水质不稳定时，可采集时间等比例水样；当二者都不稳定时，必须采集流量等比例水样。

（四）水样采集量和现场记录

水样采集量根据监测项目确定，不同的监测项目对水样的用量和保存条件有不同的要求，所以采样量必须按照各个监测项目的实际情况分别计算，再适当增加20%～30%。底质采样量通常为1～2 kg。

采样完成并加好保存剂后，要贴上样品标签或在水样说明书上做好详细记录，记录内容包括采样现场描述与现场测定项目两部分。采样现场描述的内容包括：样品名称、编号、采样断面、采样点、添加保存剂种类和数量、监测项目、采样者、登记者、采样日期和时间、气象参数（气温、气压、风向、风速、相对湿度）、流速、流量等。水样采集后，对有条件进行现场监测的项目进行现场监测和描述，如水温、色度、臭味、pH 值、电导率、溶解氧、透明度、氧化还原电位等，以防变化。

二、流量的测量

为了计算水体污染负荷是否超过环境容量、控制污染源排放量和评价污染控制效果等，需要了解相应水体的流量。因此，在采集水样的同时，还需要测量水体的水位（m）、流速（m/s）、流量（m³/s）等水文参数。河流流量测量和工业废水、污水排放过程中的流量测量方法基本相同，主要有流速仪法、浮标法、容积法、溢流堰法等。对于较大的河流，水利部门通常都设有水文测量断面，应尽可能利用这些断面。若监测河段无水文测量断面，应选择水文参数比较稳定、流量有代表性的断面作为测量断面。

（一）流速仪法

使用流速仪可直接测量河流或废（污）水的流量。流速仪法通过测量河流或排污渠道的过水截面积，以流速仪测量水流速，从而计算水流量。流速仪法测量范围较宽，多数用于较宽的河流或渠道的流量测量。测量时需要根据河流或渠道深度和宽度确定垂直测点数和水平测点数。流速仪有多种规格，常用的有旋杯式和旋浆式两种，测量时将仪器放到规定的水深处，按照仪器说明书要求操作。

（二）浮标法

浮标法是一种粗略测量小型河、渠中水流速的简易方法。测量时选取一平直河段，测量该河段 2 m 间距内起点、中点和终点 3 个过水横断面面积，求出其平均横断面面积。在上游河段投入浮标（如木棒、泡沫塑料、小塑料瓶等），测量浮标流经确定河段（L）所需要的时间，重复测量多次，求出所需时间的平均值（t），即可计算出流速（L/t），进而可按下式计算流量：

$$Q = K \times v \times s$$

$$(4-1)$$

式中：Q— 水流量，m^3/s；

v— 浮标平均流速，m/s，等于 L/t；

s— 过水横断面面积，m^2；

K— 浮标系数，与空气阻力、断面上流速分布的均匀性有关，一般需用流速仪对照标定，其范围为 0.84 ～ 0.90。

（三）容积法

容积法是将污水接入已知容量的容器中，测定其充满容器所需时间，从而计算污水流量的方法。本法简单易行，测量精度较高，适用于污水量较小的连续或间歇排放的污水。但溢流口与受纳水体应有适当落差或能用导水管形成落差。

（四）溢流堰法

溢流堰法适用于不规则的污水沟、污水渠中水流量的测量。该法用三角形或矩形、梯形堰板拦住水流，形成溢流堰，测量堰板前后水头和水位，计算流量。图4-1为用三角堰法测量流量的示意图，流量计算公式如下：

$$Q=Kh^{5/2}$$

(4-2)

$$K=1.354+\frac{0.04}{h}+(0.14+\frac{0.2}{D})(\frac{h}{B}-0.09)^2$$

(4-3)

式中：Q— 水流量，m^3/s；

h— 过堰水头高度，m；

K— 流量系数；

D— 从水流底至堰缘的高度，m；

B— 堰上游水流高度，m。

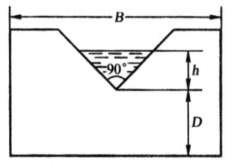

图4-1　用三角堰法测量流量

三、水样的运输与保存

（一）样品的运输

水样采集后，应尽快送到实验室进行分析测定。通常情况下，水样运输时间不超过24 h。在运输过程中应注意：装箱前应将水样容器内外盖盖紧，对盛水样的玻璃磨口瓶应用聚乙烯薄膜覆盖瓶口，并用细绳将瓶塞与瓶颈系紧；装箱时用泡沫塑料或波纹纸板垫底和间隔防震；需冷藏的样品，应采取制冷保存措施；冬季应采取保温措施，以免冻裂样品瓶。

（二）样品的保存

水样在存放过程中，可能会发生一系列理化性质的变化。由于生物的代谢活动，水样的 pH 值、生化需氧量、碱度、硬度，溶解氧、二氧化碳、磷酸盐、硫酸盐、硝酸盐和某些有机化合物的浓度会发生变化。由于化学作用，测定组分可能被氧化或还原。如六价铬在酸性条件下易被还原为三价铬，余氯可能被还原变为氯化物，硫化物、亚硫酸盐、亚铁盐、碘化物和氰化物可能因氧化而损失。由于物理作用，测定组分会被吸附在容器壁上或悬浮颗粒物的表面上，如金属离子可能与玻璃器壁发生吸附和离子交换，溶解的气体可能损失或增加，某些有机化合物易挥发损失，等等。为了避免或减少水样的组分在存放过程中的变化和损失，部分项目要在现场测定。不能尽快分析时，应根据不同监测项目的要求，放在性能稳定的材料制成的容器中，采取适宜的保存措施。

为了减缓水样在存放过程中的生物作用、化合物的水解和氧化还原作用及挥发和吸附作用，需要对水样采取适宜的保存措施。包括：①选择适当材料的容器；②控制溶液的 pH 值；③加入化学试剂抑制氧化还原反应和生化反应；④冷藏或冷冻以降低细菌活性和化学反应速率。

四、水样的预处理

环境水样所含组分复杂，多数待测组分的浓度低，存在形态各异，且样品中存在大量干扰物质，因此在分析测定之前，需要进行样品的预处理，以得到待测组分适合分析方法要求的形态和浓度，并与干扰性物质最大限度地分离。水样的预处理主要指水样的消解、富集与分离。

（一）水样的消解

当对含有机物的水样中的无机元素进行测定时，需要对水样进行消解处理。消解处理的目的是破坏有机物、溶解颗粒物，并将各种价态的待测元素氧化成单一高价态或转变成易于分离的无机化合物。消解主要有湿式消解法和干灰化法两种。消解后的水样应清澈、透明、无沉淀。

1. 湿式消解法

（1）硝酸消解法。对于较清洁的水样，可用此法。具体方法是：取混匀的水样 50 ~ 200 mL 于锥形瓶中，加入 5 ~ 10 mL 浓硝酸，在电热板上加热煮沸，缓慢蒸发至小体积，试液应清澈透明，呈浅色或无色，否则，应补加少许硝酸继续消解。蒸至近干时，取下锥形瓶，稍冷却后加 2% HNO_3（或 HCl）20 mL，温热溶解可溶盐。若有沉淀，应过滤，滤液冷却至室温后于 50 mL 容量瓶中定容，备用。

（2）硝酸－硫酸消解法。这两种酸都是强氧化性酸，其中硝酸沸点低（83 ℃），而浓硫酸沸点高（338 ℃），两者联合使用，可大大提高消解温度和消解效果，应用广泛。常用的硝酸与硫酸的比例为 5：2。消解时，先将硝酸加入水样中，加热蒸发至小体积，稍冷，再加入硫酸、硝酸，继续加热蒸发至冒大量白烟，冷却后加适量水温热溶解可溶盐。若有沉淀，应过滤，滤液冷却至室温后定容，备用。为提高消解效果，常加入少量过氧化氢。该法不适用于含易生成难溶硫酸盐组分（如铅、钡、锶等元素）的水样。

（3）硝酸－高氯酸消解法。这两种酸都是强氧化性酸，联合使用可消解含难氧化有机物的水样。方法要点是：取适量水样于锥形瓶中，加 5～10 mL 硝酸，在电热板上加热、消解至大部分有机物被分解。取下锥形瓶，稍冷却，再加 2～5 mL 高氯酸，继续加热至开始冒白烟，如试液呈深色再补加硝酸，继续加热至冒浓厚白烟将尽，取下锥形瓶，冷却后加 2% HNO_3，溶解可溶盐。若有沉淀，应过滤，滤液冷却至室温后定容备用。因为高氯酸能与羟基化合物反

应生成不稳定的高氯酸酯，有发生爆炸的危险，所以应先加入硝酸氧化水样中的羟基有机物，稍冷后再加高氯酸处理。

（4）硫酸－磷酸消解法。两种酸的沸点都比较高，其中，硫酸氧化性较强，磷酸能与一些金属离子如 Fe^{3+} 等络合，两者结合消解水样，有利于测定时消除 Fe^{3+} 等离子的干扰。

（5）硫酸－高锰酸钾消解法。该方法常用于消解测定汞的水样。高锰酸钾是强氧化剂，在中性、碱性、酸性条件下都可以氧化有机物，其氧化产物多为草酸根，但在酸性介质中还可继续氧化。消解要点是：取适量水样，加适量硫酸和 5% 高锰酸钾溶液，混匀后加热煮沸，冷却，滴加盐酸羟胺破坏过量的高锰酸钾。

（6）多元消解法。为提高消解效果，在某些情况下需要通过多种酸的配合使用，特别是在要求测定大量元素的复杂介质体系中。例如处理测定总铬废水时，需要使用硫酸、磷酸和高锰酸钾消解体系。

（7）碱分解法。造成某些元素挥发或损失时，可采用碱分解法。即在水样中加入氢氧化钠和过氧化氢溶液，或者氨水和过氧化氢溶液，加热沸腾至近干，稍冷却后加入水或稀碱溶液温热溶解可溶盐。

（8）微波消解法。此方法主要利用微波加热的工作原理，对水样进行激烈搅拌、充分混合和加热，能够有效提高分解速度，缩短消解时间，提高消解效率。同时，此方法避免了待测元素的损失和可能造成的污染。

2. 干灰化法

干灰化法又称高温分解法。具体方法是：取适量水样于白瓷或石英蒸发皿中，于水浴上先蒸干，固体样品可直接放入坩埚中，然后将蒸发皿或坩埚移入马福炉内，于 450～550 ℃灼烧至残渣呈灰白色，使有机物完全分解去除。取出蒸发皿，稍冷却后，用适量 2% HNO_3（或 HCl）溶解样品灰分，过滤后滤液经定容后供分析测定。本方法不适用于处理测定易挥发组分（如砷、汞、镉、硒、锡等）的水样。

（二）水样的富集与分离

水质监测中，待测物的含量往往极低，大多处于痕量水平，常低于分析方法的检出下限，并有大量共存物质存在，干扰因素多，所以在测定前须进行水样中待测组分的分

离与富集，以排除分析过程中的干扰，提高测定的准确性和重现性。富集和分离过程往往是同时进行的，常用的方法有过滤、挥发、蒸发、蒸馏、溶剂萃取、沉淀、吸附、离子交换、冷冻浓缩、层析等，比较先进的技术有固相萃取、微波萃取、超临界流体萃取等，应根据具体情况选择使用。

1. 挥发、蒸发和蒸馏

挥发、蒸发和蒸馏主要利用共存组分的挥发性不同（沸点的差异）进行分离。

（1）挥发。挥发是指利用某些污染组分挥发度大，或者将欲测组分转变成易挥发物质，然后用惰性气体带出而达到分离的目的。例如，汞是唯一在常温下具有显著蒸气压的金属元素，用冷原子荧光法测定水样中的汞时，先将汞离子用氯化亚锡还原为原子态汞，通入惰性气体将其带出并送入仪器测定。

（2）蒸发。蒸发是指利用水的挥发性，将水样在水浴、油浴或沙浴上加热，使水分缓慢蒸出，而待测组分得以浓缩。该法简单易行，不需要化学处理，但存在缓慢、易吸附损失的缺点。

（3）蒸馏。蒸馏是利用各组分的沸点及其蒸气压大小的不同实现分离的方法，分为常压蒸馏、减压蒸馏、水蒸气蒸馏、分馏法等。加热时，较易挥发的组分富集在蒸气相，对蒸气相进行冷凝或吸收可以使挥发性组分在馏出液或吸收液中得到富集。

2. 液 – 液萃取法

液 – 液萃取也叫溶剂萃取，是基于物质在互不相溶的两种溶剂中分配系数不同，从而达到组分的富集与分离的方法。具体分为以下两类。

（1）有机物的萃取。分散在水相中的有机物易被有机溶剂萃取，利用此原理可以富集分散在水样中的有机污染物。常用的有机溶剂有三氯甲烷、四氯甲烷、正己烷等。

（2）无机物的萃取。多数无机物在水相中以水合离子状态存在，无法用有机溶剂直接萃取。为实现用有机溶剂萃取，可以加入一种试剂，使其与水相中的离子态组分相结合，生成一种不带电、易溶于有机溶剂的物质。根据生成可萃取物类型的不同，无机物的萃取体系可分为螯合物萃取体系、离子缔合物萃取体系、三元络合物萃取体系和协同萃取体系等。在环境监测中常用的是螯合物萃取体系，金属离子与螯合剂形成具有疏水性的螯合物后被萃取到有机相，主要应用于金属阳离子的萃取。

3. 沉淀分离法

沉淀分离法是基于溶度积原理，利用沉淀反应进行分离。在待分离试液中，加入适当的沉淀剂，在一定条件下，使欲测组分沉淀出来，或者将干扰组分析出沉淀，以达到组分分离的目的。

4. 吸附法

吸附法是利用多孔性的固体吸附剂将水中的一种或多种组分吸附于表面，以达到组分分离目的的方法。常用的吸附剂主要有活性炭、硅胶、氧化铝、分子筛、大孔树脂等。被吸附富集于吸附剂表面的组分可用加热等方式解析出来进行分析测定。

5. 离子交换法

离子交换法是利用离子交换剂与溶液中的离子发生交换反应进行分离的方法。离子交换剂分为无机离子交换剂和有机离子交换剂。目前广泛应用的是有机离子交换剂，即离子交换树脂。离子交换法通过树脂与试液中的离子发生交换反应，再用适当的淋洗液将已交换在树脂上的待测离子洗脱，以达到分离和富集的目的。该法既可以富集水中痕量无机物，又可以富集痕量有机物，分离效率高。

第四节　水污染防治与保护

一、水环境的污染及其危害

在现代社会中，人类对自然的影响力越来越大，由于工业废水、生活污水流入江河湖泊中，水环境受到了污染。地球上的水资源是有限的，许多地区面临着水资源不足的问题，水环境污染将使得原本不足的水资源更加短缺。水资源的污染直接威胁着人类的生存。保护水资源、防治水污染已成了人类生死攸关的全球性环境问题，因此水环境污染的问题受到人们越来越多的关注。

（一）水生生态系统和水环境污染的定义

1. 水生生态系统

水环境中水、水中溶解物质、悬浮物、底泥等以及各种水生生物的整体称为水生生态系统。在这个生态系统中，当水环境的循环流动保持物质和能量相对稳定时，生态系统中的生物种类和数量在一定时间和空间就会保持稳定的状态，这种状态称为水生生态系统的平衡状态。如果水生生态系统内部的某些因素受到外界自然条件或人为活动的影响而发生变化，就会使水生生态系统遭到破坏。

2. 水环境污染

在正常情况下，水生生态系统通过稀释、扩散等物理变化和氧化还原、配位等化学变化，以及生物的新陈代谢活动等过程，就能使自己恢复到原有的状态，这种作用称为水生生态系统的自净作用。江、河、湖、海及地下水等水环境，在一般情况下都有接受一定数量污染物的能力，通过自净作用使水质恢复到未被污染时的状态。但当污染物质进入水环境中，其含量超过了水环境的自净能力，就会造成水质恶化，水环境的正常功能遭到破坏，水的用途受到影响，进而破坏水生生物资源，危害人类健康，这种情况就是水环境污染。因此，并不是污染物进入了水环境就称为水环境污染，水环境污染的定义为：由于人类活动或天然过程而排入水环境的污染物超过了其自净能力，从而引起水环境的水质、生物质质量恶化，称为水环境污染。

（二）水环境污染源

向水环境排放污染物质的场所称为水环境污染源。

水环境污染源大致可分为两类：自然污染源和人为污染源。自然污染源是指自然环境本身释放的物质给天然水带来的污染，如河流上游的某些矿床、岩石和土壤中的有害物质通过地面径流和雨水淋洗进入水环境，这种污染具有长期性和持久性。人为污染源是指人类生产和生活活动排弃的废物给天然水带来的污染。当前对天然水造成较大危害的是人为污染源。人为污染源的种类很多，成分复杂，包括工业废水、生活污水等。

1. 工业废水

工业废水是造成天然水环境污染的主要来源，其毒性和污染危害较严重，且在水中不容易净化。工业废水所含的成分复杂，主要取决于各种工矿企业的生产过程及使用的原料和产品。按废水中所含成分的不同，工业废水可分为三类：第一类是含无机物的废水，它包括冶金、建材、无机化工等工业排出的废水；第二类是含有机物的废水，它包括炼油、石油加工、塑料加工及食品工业排出的废水；第三类是既含无机污染物又含有机污染物的废水，如焦化厂、煤气厂、有机合成厂、人造纤维厂及皮革加工厂等排出的废水。

2. 生活污水

生活污水是人们日常生活中产生的各种污水混合物，如各种洗涤水和人畜粪便等，是仅次于工业废水的又一主要污染源。生活污水中的无机物包括各种氯化物，硫酸盐，磷酸盐，以及钾、钠等重碳酸盐，有机物包括纤维素、淀粉、糖类、脂肪、蛋白质和尿素等。此外还有少量重金属、洗涤剂以及病原微生物。生活污水的特点是氮、硫、磷的含量较高，在厌氧微生物的作用下易产生硫化氢、硫醇等具有恶臭气味的物质，一般呈弱碱性。从外表看，水环境混浊，呈黄绿色以至黑色。

（三）水环境主要污染物及其危害

天然水中的污染物种类繁多，下面将讨论主要的水环境污染物及其危害。

1. 耗氧有机污染物

（1）含义

耗氧有机污染物主要包括碳水化合物、蛋白质、脂肪等有机化合物，它们在微生物的作用下会进一步分解成简单的无机物质、二氧化碳和水。因为这类有机物质在分解过程中要消耗大量的氧气，故称为耗氧有机物。

（2）来源

耗氧有机污染物主要来源于造纸、皮革、制糖、印染、石化等工厂排放的废水及城市生活污水。

（3）危害

耗氧有机污染物一般不具毒性，但它们在水中分解，大量消耗水中的溶解氧而使水环境缺氧，影响鱼类和其他水生生物的正常生活，甚至造成大量鱼类死亡。同时，当水中溶解氧含量显著减少时，水中的厌氧微生物将大量繁殖，有机物在厌氧微生物的作用下进行厌氧分解，产生甲烷、硫化氢、氨等有害气体，使水环境发黑变臭，水质恶化。

2. 无机悬浮物

（1）含义

无机悬浮物主要指泥沙、炉渣、铁屑、灰尘等固体悬浮颗粒。

（2）来源

无机悬浮物主要来源于采矿、建筑、农田水土流失，以及工业和生活污水。

（3）危害

无机悬浮物使水环境混浊，影响水生动植物生长。粗颗粒常淤塞河道，妨碍航运，一般无毒的细颗粒则会在水中吸附大量有毒物质，随流迁移扩大污染范围。

3. 重金属污染物

（1）含义

通常把元素周期表中原子序数超过 20 的金属元素称为重金属。污染天然水的重金属主要是指汞、镉、铬、铅等生物毒性显著的金属，也指有一定毒性的一般金属，如锌、铜、镍和钴等。此外，非金属砷的毒性与重金属相似，通常一起讨论。

（2）来源

重金属污染物主要来自采矿、冶炼、电镀、焦化、皮革厂等排放的废水。

（3）危害

重金属污染物具有相当大的毒性，它们不能被微生物分解，有些重金属还可在微生物的作用下转化为毒性更强的化合物，它们可通过食物链逐级富集起来。重金属进入人体后往往蓄积在某些器官中，造成慢性积累性中毒。

①汞。汞的毒性很强，有机汞比无机汞的毒性更强，有很强的脂溶性，易透过细胞膜，进入生物组织，可在脑组织中蓄积，损害脑组织，破坏中枢神经系统，造成患者神经系统麻痹、瘫痪，甚至造成死亡。无机汞在水中微生物的作用下可以转化为有机汞，进入生物体内，通过食物链富集。天然水中的汞一部分挥发进入大气，而大部分沉入底泥。底泥中的汞可直接或间接地在微生物的作用下转化为甲基汞或二甲基汞。甲基汞易溶于水，因此又从底泥回到水中，水生物摄入甲基汞可在体内积累并通过食物链逐级富集，在鱼、鸟等高等动物体内富集程度很高。

②镉。镉的毒性很大，蓄积性强。用含镉废水灌溉农田，镉被迅速吸附并积蓄在土壤中，吸附率高达 80% ~ 95%，尤以腐殖土壤吸附能力最强，因此也极易被作物吸收。镉进入人体后，可积蓄于肝脏和肾脏内，不易排出。由镉导致的慢性中毒，使肾脏吸收功能不全，致使钙从骨骼中析出，造成骨质疏松、软化，病人出现骨萎缩、变形以及骨折等损害骨骼的病症。

③铬。铬的存在价态有二价、三价和六价，其中六价铬的毒性最大，且易被生物体吸收和积蓄。因其具有强氧化性，所以对皮肤、黏膜有强烈的腐蚀性。可溶性六价铬盐可以穿透皮肤进入生物组织，引起皮炎、湿疹等皮肤病；不溶性铬盐若经呼吸道进入肺

内则会导致肺癌。

④铅。铅可在人体内积累，引起贫血、肾炎、神经炎等。由于人类活动及工业的发展，铅几乎无处不在，大气、水环境、土壤都不同程度地受到铅污染，从而对人体构成潜在的威胁。

⑤砷。砷的毒性与其存在的形态有关。单质砷不溶于水，毒性很小；三价砷的毒性最大，如三氧化砷（俗名砒霜）、三氯化砷、亚砷酸及砷化氢等都有剧烈的毒性；虽然五价砷毒性不大，但在一定条件下，体内的五价砷能被还原成有毒的三价砷化合物，因此五价砷中毒的症状是比较缓慢的。砷化物主要通过消化道、呼吸道及皮肤进入人体。三价砷离子能与细胞内酶系统中的巯基结合，抑制酶的活性，从而影响生物的新陈代谢；另外，还可引起神经系统、毛细血管和其他系统功能性和器质性病变。砷中毒症状表现为剧烈腹痛、呕吐等，严重中毒者七窍流血、昏迷直至死亡。

4. 氰、氟污染物和一些有机有毒物

（1）含义

有毒污染物是指对生物有机体有毒性危害的污染物，可分为无机有毒物和有机有毒物。重金属污染物属无机有毒物，除此之外还有非金属类的无机有毒物，如氰化物和氟化物；有机有毒物分为易分解的有机有毒物（如酚、醛、苯等）和难分解的有机有毒物（如多氯联苯、有机磷、有机氯等）。

（2）来源

氰化物来自工业废水，如炼焦厂废水、高炉煤气洗涤水及冷却水；氟化物在地壳中分布较广，干旱的内陆盆地和盐渍化海滨地区的土壤及水中的含氟量可能较高；有机有毒物多来自工业废水及农药喷洒。

（3）危害

氰化物是无机盐中毒性最强的污染物，进入人体后可立即与血红细胞中的氧化酶结合，造成细胞缺氧，从而导致死亡，地面水中的氰化物浓度很低时便可导致鱼的死亡；氟化物则会对人体的骨骼、牙齿造成极大的破坏。

酚类化合物可通过皮肤、黏膜、呼吸道和消化道进入人体，与细胞中蛋白质反应，使细胞变性、凝固，若渗入神经中枢，会导致全身中毒、昏迷，甚至造成死亡。

难分解的有机有毒物可在水中不断积累，通过食物链在生物体内不断富集。例如，多氯联苯进入人体后积存在脂肪组织、脑和肝脏中，损害这些组织；有机磷可抑制生物体内的乙酰胆碱酯酶的活动，从而影响神经系统，使之由兴奋逐渐转入抑制和衰竭；有机氯主要影响中枢神经系统，还能通过皮层影响植物神经系统及周围神经，且对肝脏和肾脏有明显损害。

5. 酸、碱和一般无机盐污染物

（1）来源

酸、碱和一般无机盐污染物来自矿山排水及化纤、造纸、制革、炼油厂排放的废水，大气中的硫氧化合物 SO_x、氮氧化合物 NO_x 等也可转变为“酸雨”降落至水环境中。

（2）危害

酸和碱进入水环境都能使水的 pH 值发生变化，pH 值过低或过高均能杀死鱼类和其他水生生物，消灭微生物或抑制微生物的生长，妨碍水环境的自净作用。水质若含硫酸盐和硝酸盐成分，饮用可直接影响人体健康（引发心血管疾病与致癌），还可使供水管道受到腐蚀而使水质更具毒性。用含有酸、碱、盐的水灌溉农田，会导致土壤盐碱（酸）化，使农业产量下降。酸、碱、盐的污染还会使水的硬度升高，给工业用水和生活用水带来不良影响。

二、水环境污染的机理、类型及特点

（一）水环境污染的机理

污染物进入水环境后，成为水环境的一部分。在与周围物质相互作用并造成危害的污染过程中，它受到各方面因素的影响，从而也决定着污染发展方向和污染程度的大小。

水环境污染是物理、化学、生物、物理化学与生物化学综合作用的结果。由于污染物性质不同以及水环境状态不同，在某些条件下也可能以某一种作用为主。

1. 物理作用

水环境污染的物理作用一般表现为污染物在水环境中的物理运动，如污染物在水中的分子扩散、紊动扩散、迁移，向底泥中的沉降积累，以及随底泥冲刷重新被运移，以此来影响水质。这种作用只影响水环境的物理性质、状况、分布，而不改变水的化学性质，也不参与生物作用。

影响物理作用的因素是污染物物理特性、水环境的水力学特性、水环境的物理特性（温度、密度等）以及水环境的自然条件。

2. 化学与物理化学作用

水环境污染的化学与物理化学作用是指进入水环境的污染物发生了化学性质方面的变化，如酸化或碱化 - 中和、氧化 - 还原、分解 - 化合、吸附 - 解吸、沉淀 - 溶解、胶溶 - 凝聚等，这些化学与物理化学作用能改变污染物质的迁移、转化能力，改变污染物的毒性，从而影响水环境的化学反应条件和水质。

影响化学与物理化学作用的因素是污染物的化学与物化特性、水环境本身的化学与物化特性以及水环境的自然条件。

3. 生物与生物化学作用

水环境污染的生物与生物化学作用是指污染物在水中受到生物的生理、生化作用和通过食物链的传递过程发生分解作用、转化作用和富集作用。生物和生化作用主要是将有害的有机污染物分解为无害物质，这种现象称为污染物的降解。但在特定情况下，某些微生物可以将水中一种有害物质转化为另一种更有害的物质。此外，水中有许多有害的微量污染物可以通过生态系统的食物链富集到浓度达千百倍以上，从而使生物和人体受害，这是影响水环境的重要因素。

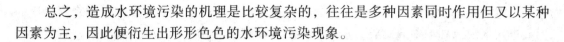

总之，造成水环境污染的机理是比较复杂的，往往是多种因素同时作用但又以某种因素为主，因此便衍生出形形色色的水环境污染现象。

（二）水环境污染的类型及特点

各种水环境的特性不同，受污染的特点亦不相同。按污染物进入的水环境类型划分，水环境污染可分为：河流污染、湖泊污染、海洋污染、地下水污染等。

1. 河流污染

河流是与人类关系最密切的水环境，全世界最大的工业区和绝大部分城市都建立在河流之滨，依靠河流供水、运输、发电。河流又常是城市、工厂排放污水、废水的通道，目前大多数河流都受到不同程度的污染。

河流污染有如下特点：

（1）污染程度随径流量变化而变化

河流的径流量决定了河流对污染物的稀释能力。在排污量相同的情况下，河流的径流量越大，稀释能力就越强，污染程度就轻，反之就重。而河流的径流量是随时间变化的，所以河水的污染程度亦随时间而变化，当排污量一定时，汛期的污染程度就轻，枯水期的污染程度就重。

（2）污染物扩散快

污染物排入河流先呈带状分布，经排污口以下一段距离的逐渐扩散、混合，达到河流全断面均匀混合。污染物在河流中的扩散迁移与河流的流速、水深及水环境紊动强度有关。

（3）污染影响面大

河流是流动的水环境，上游遭受污染会很快影响到下游，一段河道受污染可以影响整个河道的生态环境，甚至使与其关联的湖泊、水库、地下水、近海受到不同程度的污染。

（4）河流的自净能力较强

河水的流动性有使污染快速扩散的一面，同时也有使水环境具有较强的自我恢复、自我净化能力的一面。河水的流动性促使大气氧能较迅速溶解进被污染的河流，使其DO值得到较快的恢复，有利于水中有机物的生物氧化作用。另外，由于河水交替快，污染物在河道中是易于运移的"过路客"，这些都加快了具体河段的自净过程，因而河流的污染相对比较容易控制。

2. 湖泊污染

湖泊的水流速度较小，水环境更替缓慢，因此很多污染物能够长期悬浮于水中或沉入底泥。湖泊承纳了河流来水的污染物，以及沿湖区工矿、乡镇直接排入的污水、废水，因此有些湖泊受到了很严重的污染。

湖泊污染有以下特点：

（1）污染来源广、途径多、种类复杂

湖泊大多地势低洼，因此暴雨径流在集水区上和入湖河道可携带湖区各种工业废水和居民生活污水，湖区周围土壤中残留的化肥、农药等也通过农田回归水和降雨径流的形式进入湖泊。湖泊中的藻类、水草、鱼类等动植物死亡后，经微生物分解，其残留物也可污染湖泊。

（2）稀释和搬运污染物质的能力弱

水环境对污染物质的稀释和迁移能力，通常与水流的速度成正比，流速越大，稀释和迁移能力越强。湖泊由于水域广阔、贮水量大、流速缓慢，故污染物进入湖泊后，不易被湖水稀释进而充分混合，往往以排污口为圆心，浓度向湖心逐渐减小，形成浓度梯度。湖水流速小，使污染物易于沉降，且使复氧作用降低，湖水的自净能力减弱。因此，湖泊是使污染物易于留滞沉积的封闭型水环境。

（3）易发生湖泊富营养化

湖泊集水面上的各种有机污染物，特别是农业径流带来的氮、磷等营养元素进入湖泊，能使水生生物特别是藻类大量繁殖。有机物的分解大量消耗溶解氧，而湖水流速缓慢又使水的复氧作用降低，造成水环境溶解氧长期缺少，使水生生物不能继续生存，水质变坏、发臭。

（4）对污染物质的转化与富集作用强

湖泊中水生动植物多，水流缓慢，有利于生物对污染物质的吸收，通过生物系统的食物链作用，微量污染物质能不断被富集和转移，其浓度可上百万倍增长。有些微生物还能将一些毒性一般的无机物转化为毒性很大的有机物。

3. 海洋污染

海洋是地球上最大的水环境。引起海洋污染的主要是通过河流带入海洋的污染物，人为地向海洋倾倒的废水、污染物，以及海上石油业和海上运输排放和泄漏的污染物。

海洋污染有以下特点：

（1）污染源多而复杂

除了海上航行的船舰及海下油井排放和泄漏的污染物外，沿海和内陆地区的城市和工矿企业排放的污染物，最后也大多进入海洋。陆地上的污染物可通过河流进入海洋，大气污染物也可随气流运行到海洋上空，随降雨进入海洋。

（2）污染持续性强，危害性大

海洋是各地区污染物的最后归宿，污染物进入海洋后很难转移出去。难溶解和不易分解的污染物在海洋中累积起来，数量逐年增多，并通过迁移转化而扩大危害，对人类健康构成潜在的威胁。

（3）污染范围大

世界上各个海洋之间是相通的，海水也在不停地运动，污染物可以在海洋中扩散到任何角落。所以污染物一旦进入海洋，是很难控制的。

4. 地下水污染

污染物通过河流、渠道、渗坑、渗井、地下岩溶通道、地面污灌等途径，从地表进入地下，引起地下水污染。地下水污染可分为直接污染和间接污染两类。直接污染是地下水污染的主要方式，污染物直接进入含水层，在污染过程中，污染物的性质不变，易于追溯，如城市污水经排水渠边壁直接下渗。在间接污染中，污染物先作用于其他物质，使这些物质中的某些成分进入地下水，造成污染，如由于污染引起的地下水硬度增加、溶解氧减少等。间接污染的过程缓慢、复杂，污染物性质与污染源已不一致，故不易查明。

地下水与地表水之间有着互补的关系，地表水的污染往往会影响地下水的水质。由于地下水流动一般非常缓慢，其污染过程也很缓慢且不易察觉。一旦地下水被污染，治理非常困难，即使彻底切断了污染源，水质恢复也需要很长时间，往往需要几十年甚至上百年。

三、水污染防治对策

（一）明确水污染防治原则

水污染防治工作的开展，需要遵循相应的原则，只有这样方可达到理想的水污染防治效果。

首先要遵循综合性原则。在过去的一段时间里，水污染防治工作忽视综合性原则，没有考虑到生态因素，导致了严重的水污染问题。新时期，要将生态理念融入水污染防治工作中，有机融合水污染防治和生态环境建设，借助生态学理论思想，修复并治理被污染的水体，推动水环境生态综合建设，充分体现出水污染防治的综合功能，实现人与自然协调发展。

其次应遵循系统化原则。水污染防治工作的开展，具备较强的系统性和复杂性，因此要深入、系统地分析水污染根源，并结合生态环境发展需求，构建良性循环发展体系，并结合各个区域、流域、湖泊特点，制定差异性的水污染防治措施，分批分类推进水污染防治工作，提升水污染防治水平。

最后应遵循综合治理原则。水污染防治单纯依靠制度是远远不够的，因此在水资源开发利用的同时，应强化保护和治理意识，树立预防为主、防治结合、综合治理的思想理念，在保护水资源的同时，减轻生态破坏。

（二）完善水环境监测系统

水污染防治工作的开展，是建立在水环境监测的基础之上的，因此要重视对水环境监测系统的建立与完善，全面、精准、有效监测水环境状况，获得全面、客观的监测数据，为水污染防治工作的开展提供重要的依据。各个部门彼此之间要加强沟通和交流，建立协作机制，明确划分工作职责和内容，将责任和任务落实到每一个人，避免出现相互推卸责任的现象，同时有效约束监测人员的工作行为，提升水环境监测水平。

（三）强化水环境监测能力

新时期，在水环境监测中，要重视对现代化技术、工艺、设备的应用，为水环境监测工作提供便利。如物联网技术、大数据技术、计算机信息技术等，每一项技术具备不同的优势，均是不可替代的，要充分发挥各项技术的价值作用，切实提高水环境监测技术含量，充分掌握水质环境，同时实现对水环境的自动化、动态化、实时化监测，使得各项监测数据更加具有参考价值，优化监测结果。要充分地结合水环境监测实际需求，合理灵活地应用水环境监测技术、方法，不断更新监测仪器设备，认真做好数据采集、分析工作，依靠更加先进的技术，提升水环境监测能力。

（四）加大宣传教育工作

水污染防治关系到我们每一个人，单纯地依靠某个部门的力量防治水污染，效果必然不理想。基于此，政府部门要加大对水污染防治工作的宣传教育力度，充分发挥广播、广告、宣传单页、微信、抖音、微博的价值作用，向人们宣传普及水污染防治知识和技术，切实提高广大人民群众的水污染防治意识，促使其充分意识到水污染防治工作的重要性和必要性，协助、配合并积极参与到水污染防治工作中，形成工作合力，达到更加理想的水污染防治效果。要强化宣传法律法规，促使居民、企业意识到水污染、乱排乱放是违法行为，并将宣传教育工作和世界环保日、当地民俗活动挂钩，营造良好的宣传氛围，优化宣传途径，提升宣传效果，提高全民水资源保护意识，缓解水资源短缺、污染困境。

（五）增加政府支持力度

水污染防治工作的开展，需要相关政策、资金的支撑，因此政府部门要明确水污染防治工作的重要性，加大对水污染防治方面的政策支持、资金投入力度，确保水污染防治工作的顺利有序开展。应将水污染防治工作和当地政府绩效考核挂钩，提高基层政府水污染防治工作的积极性，设置专项资金，做好对资金的管理工作，做到专款专用，避免出现资金挪用等现象。依靠充足的资金，及时引进先进的水环境监测设施设备及水污染治理技术，实现对水环境的实时化、动态化监测，提升水环境监测质量。要重视人才队伍建设工作，面向社会公开招聘优秀人才，做好考核工作，保证其满足工作需求。定时定期地进行人员培训，切实提高其专业化水平及综合素质，为水环境监测及水污染治理工作的开展提供保障。

（六）优化水污染防治技术

在水污染防治工作中，应结合实际情况合理选用防治技术。目前，水污染防治技术主要包括物理、化学、生物等技术。物理防治技术主要包括两种：一种是截污分流技术，在城市排污处理中的应用较为广泛；另一种是底泥疏浚技术，主要以处理底泥为主，能够有效降低底泥内部负荷，控制水体营养物，改善水体质量。化学防治技术常用的有两种：一种是化学除藻技术，是解决水体富营养化的重要技术，利用硫酸铜、柠檬酸抑制蓝藻生长；另一种是重金属固定技术，在处理水体酸性、重金属污染方面发挥着重要作用，通过投入石灰石等碱性物质，促使其和水中的酸性物质、重金属物质发生反应，最终达到改善水质的目的。生物防治技术对于水污染的处理，是利用生物修复技术在水体中种植水生植物，发挥其吸收、代谢作用，去除水土污染物，最终使水生态系统恢复正常。

（七）对污染源头有效治理

水污染防治工作中，关键的一步就是控制污染源头，减少污染物的排放，减轻水污染问题。要结合水污染原因，重点做好对农业、化工业、建筑业等方面的监督管理工作。政府部门应认真履职，及时发现并严惩乱排乱放等污染水资源的行为，并设置举报电话，引导全民参与到水污染防治工作中，建立奖惩制度，严惩违反污染物排放制度的人员、企业，从源头有效治理水污染问题，提升水污染防治水平。同时，针对成功检举污染企业的人员、严格遵守水污染防治要求的企业，应加大精神、物质方面的奖励，在社会范围内营造良好的氛围，提升人民水污染防治的积极性。

综上所述，我国是人口大国，对于水资源的需求量巨大。针对水资源短缺、水污染严重的问题，要高度重视起来，加大水环境监测力度，明确水环境监测的重要性，控制水资源监测质量，获得准确的水环境监测数据，并在此基础之上积极做好水污染防治工作，结合水污染原因，制定切实可行的水污染防治对策，提升水污染防治水平，缓解水资源污染问题，确保用水安全，实现人与自然的协调发展。

四、水环境的保护

（一）水环境保护的重要意义与作用

随着经济社会的迅速发展、人口的不断增长和生活水平的大大提高，人类对河流、湖泊、水库、港湾等的污染日趋严重，正在严重地威胁着人类的生存和可持续发展。正如许多科学家所预言的，如果人们在发展经济中不注意保护环境，最终将使自己失去赖以生存的环境而导致自身的毁灭。面对越来越严峻的污染公害，许多国家都制定了一系列关于水环境保护的法令、措施，规定工程规划、设计、施工和管理过程中，同时要对环境质量进行预测、评价和保护，使经济建设与环境保护协调发展。水环境污染在我国也相当严重，并且在进一步恶化，水环境问题已经成为制约我国经济发展的一个重要因素。吸取国外以往以牺牲环境为代价发展经济的惨痛教训，从基本国情出发，我国制定了"全面规划，合理布局，综合利用，化害为利，依靠群众，大家动手，保护环境，造福人民"的环境保护总方针，之后又制定了工程建设与环境建设同时设计、同时施工、同时投产的"三同时"规定，并在尽可能减少新污染源的同时，积极治理老污染源。对于水资源合理开发利用，除要知道未来各地水量的时空变化外，还必须预测、评价相应的水环境质量状况，进行水环境保护规划，确保用水安全，这已经成为工程规划设计与管理的一项必不可少的工作内容。显然，水环境保护在保障经济社会可持续发展中具有非常重要的意义与作用。

（二）水环境保护工作的任务与内容

环境是相对于一个主体事物周围的各种因素及其状态特征的总和。对于环境科学来说，人类是主宰世界的主体，所研究的是围绕人类生存、发展的环境，包括自然环境和社会环境。自然环境是指包围地球表层的大气圈、水圈、岩石圈和生物圈构成的各种自然因素及其状态的总和。社会环境则是指人类社会经济、政治、文化等社会诸因素及其状态的总和。显然，水环境是自然环境的一个重要组成部分，是指自然界各类水环境，如河流、湖泊、水库、海洋、地下水、空中水等的数量、质量状态的总和。在水量方面，如降水、蒸发、下渗、径流等的变化，是水文学研究的主要对象；在水质方面，如水环境的泥沙、水温、溶解氧、有机物、无机物、重金属、水生生物等的变化，是水环境科学主要研究的对象。水是水中各种物质的载体，水质状态与水量密切相关，例如主要受工业废水污染的河流，丰水期一般水质较好，枯水期污染往往加重。水环境科学总是将两者作为一个整体来研究，只是目标更集中在水质变化上，因此本课程所指的水环境常常把水量状态作为已知条件，重点研究水环境质量的变化。

水环境保护工作是一个复杂、庞大的系统工程，其主要任务与内容有：①水环境的监测、调查与试验，以获得水环境分析计算和研究的基础资料。②对排入受纳水环境的污染源的排污情况进行预测，即污染负荷预测，包括对未来水平年的工业废水、生活污水、流域径流污染负荷的预测。③建立水环境模拟预测数学模型，根据预测的污染负荷，预测不同水平年受纳水环境可能产生的污染时空变化情况。④水环境质量评价，以全面认识环境污染的历史变化、现状和未来的情况，了解水环境质量的优劣，为环境保护规划与管理提供依据。⑤进行水环境保护规划，根据最优化原理与方法，提出满足水环境保护目标要求的水污染防治最佳方案。⑥环境保护的最优化管理，运用现有的各种措施，最大限度地减少污染。

（三）环境保护与水土保持监理

环境保护与水土保持监理规划设计的内容应包括资质条件、人员条件、人员配备、工作内容、工作制度等。

1. 环境保护与水土保持监理机构监理人员和岗位设置

（1）监理人员设置

环境保护与水土保持监理现场工作人员应符合资质要求，具有较强的专业知识、专业技术能力、组织协调能力，能对施工活动进行现场调查和分析判断，并组织相关各方推进工程环境保护与水土保持工作。

环境保护与水土保持监理机构人力资源规模应根据工程规模、环境敏感性和复杂性等因素确定。环境保护与水土保持监理人员专业构成应能满足工作需要，必要时可增配测量、施工等专业人员。

（2）监理机构的岗位设置

按项目管理的要求，设置项目经理岗位，以利于监理机构所属后方单位的管理。项目经理可由后方领导担任。

监理机构人员配置，依据工程规模确定。根据有关工程经验，可参考下列配置：在项目经理下设总监理工程师1名，根据工程规模和环境保护与水土保持监理工作量，设副总监理工程师1~2名，第一类、第二类和第三类项目各设置环境保护与水土保持专业监理工程师1~2名，各类项目配置监理员1~3名，另外设置1名辅助工作人员，负责文秘、信息、档案等综合性工作。

2. 环境保护与水土保持监理工作程序

环境保护与水土保持监理工作程序应与工程环境保护与水土保持管理体系、机构设置模式相协调，并分别拟定总体工作程序和环境保护与水土保持分类项目工作程序。总体工作程序应反映工程建设对工程环境保护与水土保持监理的阶段性要求特点，分类项目的工作程序应结合相关各方的职责划分情况确定。

（1）总体工作程序

从准备进场到完成合同任务后离场，工程环境保护与水土保持监理工作程序总体上包括以下内容：

进场初期或工程环境保护与水土保持监理招投标阶段，编制工程环境保护与水土保持监理规划。

进场后，按照监理规划、工程建设进度，编制工程环境保护与水土保持监理综合项目监理实施细则，并开展综合监理和管理。

针对承担的专项环境保护与水土保持建设监理工作，编制各项目的监理细则。

按监理细则和合同要求，开展施工期环境保护与水土保持监理与综合管理工作。

参与工程合同项目完工验收，签署工程环境保护与水土保持监理意见。协助发包人组织开展工程环境保护与水土保持竣工验收。

进行工程环境保护与水土保持监理工作总结，向建设单位移交工程环境保护与水土保持监理档案资料。

（2）分类项目工作程序

工程环境保护与水土保持项目可分三类：

一类项目是在施工过程中同步实施的环境保护与水土保持设（措）施，以及从规模、投资等方面不适合独立发包的环境保护项目。

二类项目是可以独立发包的专项环境保护与水土保持设施和工程。

三类项目是环境监测与水土保持监测管理、专项设施的运行管理等环境保护与水土保持综合管理类项目。

分类项目工作程序如下：①一类项目的监理责任主体是工程监理单位。工程环境保护与水土保持监理单位对工程监理单位和施工单位的环境保护与水土保持工作进行监督、检查，提出生态环境影响的整改要求并跟踪落实。工作程序应从项目招投标和施工组织设计的环境保护与水土保持内容审查、施工过程环境保护与水土保持监督管理、环境保护与水土保持设施运行管理和验收管理等方面进行规划设计。②对于二类项目，在工程监理单位承担施工监理的情况下，其工程环境保护与水土保持监理单位的工作程序同一类项目；如果由工程环境保护与水土保持监理单位承担二类项目的施工监理，其工作程序要满足工程建设监理规程规范的要求。③三类项目的工作程序应反映工作计划、生态环境影响问题的发现与解决、工作成果验收等方面的要求。

3. 环境保护与水土保持监理工作制度

（1）早期介入制度

参与工程环境保护与水土保持规划、设计以及施工招投标管理；及早建立工程环境保护与水土保持管理体系和管理制度，并督促参建单位建立内部的环境保护与水土保持管理体系和管理制度。规划设计应对相关内容进行细化。

（2）现场巡查制度

工地现场巡查方式包括定期巡查和不定期巡查（突击巡查）相结合、明查和暗查相结合、单独巡查和会同工程监理共同巡查相结合等方式。结合工程情况规定巡查的频率，重点巡查部位，巡查记录，巡查中发现的环境污染或破坏问题、水土流失问题的处理，等等。

（3）日常记录制度

应明确编写工程监理日志、积累原始工作资料和重点记录的内容及要求。

（4）业务会议制度

从不同会议主持单位、会议主题提出相应的会议制度要求。主要会议包括自行主持环境保护与水土保持工作例会、环境保护与水土保持专题会议、工程环境保护与水土保持监理单位的内部工作会议，以及工程建设监理单位主持的工作例会等。

（5）培训及宣传制度

应明确培训的组织要求和实施方式。宣传培训可采取分级开展的方式实施。工程环境保护与水土保持监理单位和业主组织的宣传培训，施工区所有参建单位的相关负责人都应参加；工程监理单位承担对施工单位的环境保护与水土保持宣传培训和内部的宣传培训；施工单位应以全体施工人员为培训对象，结合施工项目生态环境影响和环境保护与水土保持措施要求开展相关知识培训和法律法规宣传。

（6）检查与考核制度

应明确考核的组织、考核的内容、考核结果的处理等，进行定期或临时检查考核。

（7）环境保护与水土保持专项验收制度

应按环境保护与水土保持项目分类情况分别提出验收管理要求。验收的内容包括验收组织、验收条件、验收档案管理等。

（8）工作报告制度

工作报告包括工作月、季、半年、年度报告。通过报告定期向业主及行政主管部门全面、系统地汇报工程环境保护与水土保持工作；同时按照行政主管部门和业主要求，不定期编制专题工作报告。

本制度应规定工作报告的主要内容、期限要求、发送范围等。

（9）信息统计及文件管理制度

大部分环境保护与水土保持措施要求应包含在各施工项目中。为了准确掌握环境保护与水土保持项目已实施的工程量和投资情况，应开展持续的环境保护与水土保持信息统计工作，同时为工程环境保护与水土保持竣工验收积累过程材料。信息统计制度应明确信息分类、时间要求、统计口径等内容，以及工程建设监理单位、承建单位等相关单

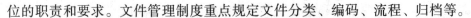

位的职责和要求。文件管理制度重点规定文件分类、编码、流程、归档等。

（10）环境污染、水土流失等事故应急处理制度

事故应急处理制度应指出可能出现环境污染或水土流失的工程部位、施工辅助设施、施工环节，并明确应急启动、应急处理、遗留问题处理等内容。

五、水污染防治的法律保障与标准保障

在我国，有关水资源保护的法律和法规有《中华人民共和国水法》《中华人民共和国水污染防治法》《中华人民共和国环境保护法》《中华人民共和国水土保持法》《取水许可制度实施办法》《中华人民共和国水土保持法实施条例》《城市地下水开发利用保护管理规定》《城市供水条例》《城市节约用水管理规定》《淮河流域水污染防治暂行条例》等，这些法律、法规和条例构成了我国水污染防治的法律保障。

（一）《中华人民共和国水法》

1. 《中华人民共和国水法》（以下简称"《水法》"）主要内容

（1）水资源权属制度

《水法》规定水资源属于国家所有。水资源的所有权由国务院代表国家行使。农村集体经济组织的水塘和由农村集体经济组织修建管理的水库中的水，归各该农村集体经济组织使用。《水法》在规定水资源所有权的基础上，规定了取水权，明确了有偿使用制度。取水是利用水工程或者机械取水设施直接从江河湖泊或者地下取水用水。取水权分为两种：一种是法定取水权，即少量取水包括为家庭生活畜禽饮用取水，为农业灌溉少量取水，用人工、畜力或者其他方法少量取水，农村集体经济组织使用本集体的水塘和水库中的水，不需要申请取水许可。第二种是许可取水权，除法定取水以外的其他一切取水行为，均须经过许可才能取水。取水单位和个人应缴纳水资源费，依法取得取水权。另外，《中华人民共和国民法典》第三百二十九条规定，依法取得的取水权受法律保护。

（2）水资源管理的基本原则

考虑到水资源的特点，《水法》规定，开发、利用、节约、保护水资源和防治水害应当遵循"全面规划、统筹兼顾、标本兼治、综合利用、讲求效益、发挥水资源的多种功能，协调好生活、生产经营和生态环境用水"的基本原则。这些原则在《水法》的具体条款中得到了充分体现。

（3）水资源的管理体制

《水法》规定，国家对水资源实行流域管理与行政区域管理相结合的管理体制；同时《水法》规定了流域管理机构的职责，还对流域管理机构管理体制和流域管理机构的法律地位做了明确的规定，从而确立了流域管理机构的法律地位。国务院水行政主管部门负责全国水资源的统一管理和监督工作。国务院水行政主管部门在国家确定的重要江河、湖泊设立的流域管理机构，在所管辖的范围内行使法律、行政法规规定的和国务院

水行政主管部门授予的水资源管理和监督职责。县级以上地方人民政府水行政主管部门按照规定的权限，负责本行政区域内水资源的统一管理和监督工作。此外，国务院有关部门按照职责分工，负责水资源开发、利用、节约和保护工作。县级以上地方人民政府有关部门按照职责分工，负责本行政区域内水资源开发、利用、节约和保护的有关工作。

2. 水资源保护的主要法律措施

水资源是稀缺的自然资源，是人类生存和自然生态循环不可缺少的因素。为了确保水资源的可持续利用，必须建立水资源保护制度，依法开展水资源的开发利用和保护。《水法》对水资源的保护做出了明确规定，突出了在保护中开发，在开发中保护的基本特点。

（二）中华人民共和国水污染防治法

1. 水污染防治的监督管理体制

关于水污染防治的监督管理体制，《中华人民共和国水污染防治法》（以下简称"《水污染防治法》"）第四条规定："县级以上人民政府应当将水环境保护工作纳入国民经济和社会发展规划。县级以上地方人民政府应当采取防治水污染的对策和措施，对本行政区域的水环境质量负责。"《水污染防治法》第八条规定："县级以上人民政府环境保护主管部门对水污染防治实施统一监督管理。交通主管部门的海事管理机构对船舶污染水域的防治实施监督管理。县级以上人民政府水行政、国土资源、卫生、建设、农业、渔业等部门以及重要江河、湖泊的流域水资源保护机构，在各自的职责范围内，对有关水污染防治实施监督管理。"概括而言，我国对水污染防治实行的是统一主管、分工负责相结合的监督管理体制。

2. 水污染防治的标准和规划制度

水环境标准，分为水环境质量标准和水污染物排放标准两类。水环境质量标准，是指为保护人体健康和水的正常使用而对水体中的污染物和其他物质的最高容许浓度所做的规定。水污染物排放标准，是指国家为保护水环境而对人为污染源排放出废水的污染物的浓度或者总量所做的规定。水环境标准分为国家标准和地方标准两级。防治水污染应当按流域或者按区域进行统一规划。国务院有关部门和县级以上地方人民政府开发、利用和调节、调度水资源时，应当统筹兼顾，维持江河的合理流量和湖泊、水库以及地下水体的合理水位，维护水体的生态功能。

3. 水污染防治监督管理的法律制度

《水污染防治法》第三章规定了水污染防治工作的各项具体制度。主要有国家基于环境影响评价制度、"三同时"制度、重点水污染物排放总量控制制度、排污申报登记和排污许可制度、排污收费制度、水环境质量监测与水污染物排放监测、现场检查等制度，实施水污染防治的监督管理，实行跨行政区域的水污染纠纷协商解决制度。环境影响评价制度。在新建、改建、扩建直接或者间接向水体排放污染物的建设项目和其他水上设施，应当依法进行环境影响评价；"三同时"制度建设项目的水污染防治设施，应当与主体工程同时设计、同时施工、同时投入使用；省、自治区和直辖市人民政府应当按照上按照国务院的规定削减和控制本行政区域的重点水污染物排放总量，并将重点水污染物排放总量控制指标逐层分解落实，直至排污单位。

（三）环境标准保障

环境标准是国家环境保护法律、法规体系的重要组成部分，是开展环境管理工作最基本、最直接、最具体的法律依据，是衡量环境管理工作最简单、最准确的量化标准，也是环境管理的工具之一。它是实施环境保护法的工具和技术依据。没有环境标准，环境保护法就难以实施。

1. 环境标准及其作用

（1）环境标准

环境标准是为了保护人群健康、社会财富和促进生态良性循环，对环境中的污染物（或有害因素）水平及其排放源的限量阈值或技术规范，是控制污染、保护环境的各种标准的总称。环境标准的制定要经授权由有关国家机关按照法定程序制定和颁布。

（2）环境标准的作用

环境标准具有如下作用：第一，环境标准是环境保护法律法规制定与实施的重要依据。环境标准用具体的数值来体现环境质量和污染物排放应控制的界限。第二，环境标准是判断环境质量和环境保护工作优劣的准绳。评价一个地区环境质量的优劣、一个企业对环境的影响，只有与环境标准比较才有意义。第三，环境标准是制定环境规划与管理的技术基础及主要依据。第四，环境标准是提高环境质量的重要手段。通过实施环境标准可以制止任意排污，促进企业进行治理和管理，采用先进的无污染、低污染工艺，积极开展综合利用，提高资源和能源利用率，使经济社会和环境得到持续发展。

2. 环境标准体系

环境问题的复杂性、多样性反映在环境标准的复杂性、多样性中。我国先后颁布了1000多项国家环境保护标准，按照环境标准的性质、功能和内在联系进行分级、分类，构成一个统一的有机整体。这些环境标准形成了我国环境标准体系。国家环境标准和行业标准是由生态环境部和国家质量监督检验检疫总局（现国家市场监督管理总局）制定，具有全国范围的共性。针对普遍的和具有深远影响的重要事物，具有战略性意义，适用于全国范围内的一般环境问题。地方环境标准适用于本地区的环境状况和经济技术条件，是对国家标准的补充和具体化。

第六章 大气环境监测与保护

第一节 概　述

一、大气环境污染的现状

近年来，我国大气污染防治工作取得积极进展，全国主要大气污染指数（air pollution index，API）呈逐年好转态势；传统烟煤型大气污染有缓慢下降的改善趋势，大气中二氧化硫和可吸入颗粒污染物浓度持续下降。但随着我国城市基础设施等建设的井喷式发展、能源消耗量的持续上升和机动车保有量的飞速增加，以氮氧化物、有机性挥发物为主的其他污染物排放明显增多，灾害性灰霾天气、光化学复合型大气污染等新型大气污染问题日益凸显，给居民工作和生活造成了诸多不便，甚至对居民身心健康产生威胁。随着我国社会经济迅猛发展和人民生活水平的显著提高，大气污染的日趋严重和人们对大气环境质量要求的显著提高之间已逐步产生了不可调和的矛盾，京津冀、长三角、珠三角和成渝地区已成为我国典型的四个复合型大气污染区，灰霾天气、臭氧污染、酸雨等灾害性天气已经严重影响了当地居民的生活质量。

2012 年发布的《环境大气质量标准》（GB 3095—2012）增设了细颗粒物（PM2.5）浓度限值。从此，中国环保工作的主要任务转变为以细颗粒物（PM2.5）防控为重点的大气污染防治，并协同控制二氧化氮等多种大气污染物的排放，即从传统的以污染因子为导向的大气污染治理向以环境质量为导向的大气污染治理转变。

二、大气环境污染的危害

大气污染严重影响人类的健康，尤其会对怀孕妇女和胎儿产生很大危害，导致新生儿畸形，因此人类要想持续发展就需要洁净的大气。随着经济进一步发展，大气污染的主要来源从单一的二氧化碳排放转变为以二氧化碳、氮氧化物、颗粒物、有机挥发物和臭氧为主的多种污染物的混合排放，对居民的生产生活造成了严重的影响。其中，可吸入颗粒物（PM_{10}），特别是直径小于或等于 2.5 微米的细颗粒物（$PM_{2.5}$）超标，是造成雾霾的主要原因，严重危害了人们的身体健康。

在大气污染物达到一定的浓度水平并且经过长时间暴露后，人体因呼吸系统疾病的住院率有了显著上升，孩童的肺功能指标异常数有所增长。大气中可吸入颗粒物（PM_{10}）被人体吸入后，肺炎、气管炎、肺结核以及心血管疾病的发病率将显著上升，对儿童、老人以及心肺病者等敏感人群的危害更大。大气中的高浓度二氧化硫会引发哮喘病患者肺功能衰减，而长期吸入氮氧化物可能导致肺部构造改变，特别在哮喘病患者进行户外运动时概率更大。严重时，人类很有可能会在光化学烟雾对眼、鼻、喉和呼吸道的强烈刺激作用下出现意识障碍。

直径小于或等于 2.5 微米的细颗粒物甚至可以直接被吸入人体肺部，是诱发癌症的重要因素之一。2013 年 11 月，国际癌症研究所正式宣布将室外大气污染物归为人类致癌物，并通过研究证明了肺癌患病风险随颗粒物质和大气污染暴露水平的增高而增加的相关关系。

另外，环境质量的下降在情绪和心理上给人们带来的负面影响也十分明显，例如人们会在大气质量下降的时间段减少户外活动，进而导致幸福感明显下降。

三、大气环境污染的成因分析

面对大气质量的下降和经济发展的压力，人们陷入两难境地，大气污染治理刻不容缓，而治理的关键在于成因分析。大气中污染物浓度的变化主要受污染物排放和气象条件的影响，大气污染问题是人为因素和自然地理因素共同作用的结果。

（一）经济发展与城市环境保护的冲突

随着国民经济的发展，特别是城市化和工业化的快速发展，以及"高投入、高消耗、高污染"经济增长模式，生态环境承受着巨大的压力。杨振使用改进后的主成分回归分析考察了 20 世纪 90 年代初期以来社会经济以及我国人口因素对化石燃料消费碳排放的影响作用。研究发现：对碳排放均具有显著的正向影响的因素是人口因素和经济规模、产业结构、能耗结构及碳排放强度这类主要代表人口总量、人口城市化和居民收入水平的经济因素，其中能源消费碳排放的关键决定因子是经济规模和人口总量。杜雯翠、冯科对大气污染进行了分类讨论，提出大气污染可分为产业公害型大气污染和城市生活型大气污染两种类型。产业公害型大气污染因产业集聚而形成，但对污染进行集中处理有现实可能性，被称为"生产效应"；城市生活型大气污染因人口集聚而生，以燃煤、生活垃圾等污染活动为主，被称为"生活效应"。两种效应的权衡决定了城市化是否恶化了大气质量。有学者研究发现，新兴经济体城市化与大气污染之间存在 U 型曲线关系，并认为城市化对大气污染影响由负变正的拐点出现在城市化率为 59% 的时点。当城市化率低于 59% 时，城市化的"生活效应"小于"生产效应"，城市化不一定带来大气质量的恶化。在此种情形下，应当根据"生产效益"的特点，采取各种有效措施积极开展污染集中处理工作，为我国城市化推进提供更有效的环境保障。

许多学者通过实证分析证实了工业发展，特别是重污染产业的污染物排放与大气污染间的显著相关关系。他们认为火力发电、水泥、钢铁、工业废气、交通和居民生活是我国大气污染的几大污染来源，水泥生产与我国大气污染物浓度之间有着显著关系，而科技手段的运用可能减少污染。尼古拉斯·穆勒（Nicholas Muller）对美国大气污染源做了解析，他经过研究发现农业生产是大气污染的最大污染源，其次是交通运输和工业生产。细分行业来看，火力发电、粮食加工、卡车运输、畜牧业、道路建设和桥梁建设是大气污染的主要污染来源行业。

当国民经济发展到一定水平时，城市环境污染必然和居民不断提高的环境质量要求产生矛盾，产业结构升级、经济发展方式的改变成为大势所趋和地方政府工作的重点。总体来讲，自由贸易是有利于城市环境保护的，但贸易自由化会同时带来以污染天堂假说为动因的消极环境影响，综合要素禀赋和其他动因的积极环境影响之后，对经济结构的变化具有双重环境效应。李斌、赵新华选取 37 个主要工业行业的三废排放数据为样本，考察了技术进步和工业经济结构对工业废气减排的影响，通过对环境污染的影响进行分解，得到如下结论：纯污染治理技术效应和纯生产技术效应在工业废气减排的过程中均占据主导地位；而工业经济结构的变化没有明显对工业废气减排起到作用，从数据分析结果来看，甚至还出现了工业经济结构调整加剧环境污染的状况；结构治理技术效应和结构生产技术效应均对工业废气的减排具有促进作用；环境技术进步可以在一定程度上弥补工业结构不合理带来的环境污染情况。

由于大气污染的外部性特点和产品性质，其治理方式和管理内容都需要突破地方政府行政边界，通过制度建设为经济发展和城市环境保驾护航。基于激励理论，皮建才分析了中国式分权体制下的城市环境保护与经济发展。他认为，忽略中国式分权体制下的城市环境保护与经济发展的内在机制，是关于中国城市环境保护与经济发展的实证文献存在着许多不一致的观点的主要原因。

（二）城市化发展和机动车污染

随着城市经济的高速发展，道路交通需求大幅提高，机动车保有量不断增加，机动车排放已成为大气中氮氧化物的主要来源，汽车尾气污染已经成为现代社会普遍关注的问题。在欧洲、日本均可以看到政府对城市交通发展有着明显的倾向性选择，即大力发展轨道交通，加强城市道路建设，以缓解交通压力，改善交通拥挤状况，不仅在数量上尽量减少小汽车的使用,更在时间上减少私家车在道路中堵塞的时间,以控制尾气排放。

（三）燃煤和化石燃料的使用

煤作为一种重要的工业和民用燃料,在生产生活中应用广泛,其在燃烧过程中产生大量颗粒物,形成一次 PM2.5,并且燃烧过程中还会形成碳氧化物、硫氧化物、氮氧化物、有机化合物等多种有害气体,在一系列化学反应后生成二次 PM2.5,严重危害环境和人体健康。我国城市在冬季主要依靠燃煤取暖,导致城市冬季大气环境质量恶化。而天然气则是一种清洁能源,可以在很大程度上替代燃煤,进而改善大气质量。涂斌等研究证实了天然气替代燃煤集中取暖对大气污染减排具有显著成效。

除了燃煤外,石油型大气污染也不容小视。无论是原料环节、炼油环节、销售环节还是消费环节,我国成品油的品质都与欧美国家存在巨大差距,油品标准的滞后大大制约了减排效果,劣质汽油燃烧不完全导致大气污染加重。

（四）自然地理因素

大气污染具有区域性特点,在区域排放源相对稳定的情况下,天气系统的活动尺度、大气环流的输送扩散等客观情况使得城市间大气污染物输送明显。大气污染物扩散受近地面气象因素,如风向、风速、大气层结条件和降水情况等的影响明显。其中,近地面风场对大气污染物的稀释和输送起主要作用,而近地面持续静风则不利于城市中颗粒物的水平输送和垂直扩散,降水对在大气中浮游的颗粒物具有直接的冲刷和清洁作用,有利于降低污染物浓度。有学者通过对松原市的可吸入颗粒物（PM）、二氧化硫（SO_2）和二氧化氮（NO_2）的观测值进行分析,得出降水量、风速、气温、云量以及相对湿度等指标均与大气污染程度密切相关;还有学者通过对兰州市区三种主要大气污染物,即二氧化硫、一氧化碳和氮氧化物的浓度监测结果进行分析,发现低空大气层温度递减率越高,大气污染物浓度越低,大气温度层结状况对该地区大气质量有显著影响。

一般来讲,我们认为污染物浓度既受到人为经济因素中污染物排放的影响,又受到自然地理因素,特别是天气条件的影响。但值得注意的是,自然气象条件往往只是影响大气质量的外部条件,而人为的污染物排放才是大气污染的根本原因。但这并不是说在大气污染防治的过程中,我们可以忽略自然地理因素对大气质量的影响而单纯着眼于社会经济因素考察人为污染物排放对大气质量的决定性影响。其原因在于不同城市因所处的自然地理条件不同,对工业活动和能源消耗有着不同的环境承载上限,而这个限值在很大程度上是由当地的自然地理条件决定的。在社会经济发展的过程中,污染排放和能源消耗是不可避免的,不同城市或地区作为经济发展的主体,对环境污染有着一定的自身净化能力,对能源消耗也有一定的循环再生机制。如果遵循不同城市的自然禀赋进行有节制、有计划的经济开发,则可以实现当地社会经济的可持续发展。反之,如果经济建设的速度和规模超出了其自然禀赋的约束线,那么当地的生态环境就会越发脆弱,久而久之经济发展和生态环保将进入恶性循环的怪圈。华北地区就是一个典型的反例,其发展了大量高耗能的重工业,而忽略了自身两面环山、大气污染物难以扩散的地理条件,因此当地大气污染物排放量远远超过了其环境可承载上限,导致华北地区成为我国大气污染最严重的典型地区之一。

面对大气污染日益严重的现状，其成因分析刻不容缓，这也是其防治政策的重要依据。但对于这一现实问题，学术界、政府部门和社会公众至今没有得到一致结论。生态环境部曾表示因采暖燃煤所导致的二氧化硫等污染物是导致大气污染的主要来源；住房和城乡建设部则认为大气污染的主要原因是汽车尾气，而非供暖；中国气象局则表示大气污染主要是由外来输送导致的；甚至有学者表示餐饮排放对大气污染有显著影响。

大气污染的研究是一个跨学科的复杂命题，需要结合多方面因素进行综合考察。一方面，大气污染问题是社会经济发展的结果，"高污染、高排放、高耗能"的经济发展方式必然带来环境污染、资源耗竭等生态问题，转变经济发展方式、提高资源利用率的现代经济可持续发展模式使得经济发展本身成为城市环境保护的有效推动力。同时，社会经济各部门对于经济发展和城市环境保护的协调发展所持续进行的制度层面的改革也对大气污染问题有着不可忽视的能动性作用。另一方面，不同城市和地区所处自然环境本身就存在差异，地形、气候以及周边自然条件都对大气质量存在影响，并随着时间推移或季节变化而变化。对于大气污染问题的研究不可以忽视当地的自然资源禀赋，而应当将自然资源条件作为控制变量，进行不同地区大气质量的横向比较。

由于自然地理因素对大气环境污染的影响这一命题具有跨学科研究性质，因此目前国内外的研究存在着截然不同的两类研究范式。第一类是用社会科学的研究方法，主要考察社会经济因素对于大气污染的影响作用，而忽略自然地理因素对不同地区大气质量的影响。第二类是从自然科学的角度出发，单纯研究诸如气候、地形或时间、季节变化等自然地理因素对于大气污染状态或监测结果的影响。而将自然地理因素和社会经济因素一同纳入考察的研究很少。笔者认为，目前我国大气污染的成因十分复杂，不仅污染源众多，而且区域间的大气污染物的传播和滞留作用也不可忽视。在研究大气污染问题时我们不仅需要从经济发展的背景出发进行分析，考虑国民经济发展现状、经济发展模式、产业结构等经济基础条件，还应该从防治的角度考察机动车排放、以煤炭和石油为主的化石燃料污染、城市规划与建设、大气污染防治制度等因素，更需要借鉴自然科学领域的诸多研究成果，将自然地理因素，如地形、降水、气象条件等纳入考察范围，全面梳理我国大气污染的成因，并作出细致分析。

第二节 大气环境监测的方法

当前我国很多城市大气质量低下，大气环境当中存在大量的大气污染物，对大气环境的质量造成了严重的影响。在对大气环境进行监测的工作当中，虽然传统的测量方式准确度良好，但是在实际的操作过程中监测仪器的体积较大，同时仪器设置的点位有着明显的局限性，很难满足大气环境监测的精细化工作需求。最近几年，传感器技术的快速发展为大气环境监测工作指明了全新的发展方向，传感器技术应用在大气环境监测工

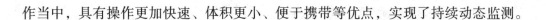

作当中，具有操作更加快速、体积更小、便于携带等优点，实现了持续动态监测。

一、大气环境监测概述

目前大气环境监测主要包括 $PM_{2.5}$、PM_{10}、SO_2、NO_2、CO、O_3 等监测，这些气体指数会因为污染源性质不同而存在差异，而且每一处大气并非只存在一种污染源，所以监测方案以及监测点的选择非常重要。另外，城市环境监测中的大气环境监测工作，还需要扩大监测范围，才能真正地研究城市和自然的关系，找到内在的规律，为城市生产生活提供指导、参考。

（一）监测指标的详细化

现如今的大气污染和以前不同，有更多的有害气体存在于大气中，因此我们需要对大气建立比较详细的监测指标，才能全面地评价大气环境质量，比如 $PM_{2.5}$、PM_{10} 等都是近些年出现的指标。除了这二者，目前我国大气污染物监测主要集中在 SO_2、NO_2、CO 等方面。随着时代发展，会有之前存在而没有被我们发现的有害气体被发现，必然会使得监测范围扩大，使得我们对大气环境质量的了解更加深入。

（二）监测方案的科学性

监测方案就是针对整个大气环境监测制订周密的监测计划，涉及监测点的选择问题。监测点选择非常重要，必须有代表性，否则不能综合反映大气环境总体质量。监测点不同，产生危害的气体的种类也不同，要根据具体情况设置具体的监测仪器。鉴于监测实效性和成本，笔者建议采用集数种功能于一身的监测仪器，现在有的仪器可以同时监测上百种有害气体，可以综合地反映监测范围内大气环境质量的真实情况。

（三）监测仪器和分析手段

大气环境监测需要高端的物理或者化学手段。在传统的监测中，SO_2 利用的是紫外荧光法，NO_2 利用的是化学发光法，CO 利用的是分散红外吸收法。这些监测方法在我国得到广泛应用，截至目前有的还在发挥作用。不过，这些监测方法对于微小颗粒的监测效果不是很好，而且无法监测一些新的污染物，在很大程度上限制了我国大气环境监测技术的发展。

现如今长光程差分光谱法受到重视，因为这种方法非常精细，可以利用 180 ~ 600 Pm 的光谱扫描范围，对 100 ~ 1 000 Pm 一条线上的多种污染物进行监测。其运行机理也很简单，主要通过计算机来计算进入监测范围的不同大气污染物质，并能够对影响因素进行矫正，这种方法可以测定的气体成分有：SO_2、NO_2、O_3、NH_3、苯、二甲苯、甲醛等。

二、大气环境监测工作的建议

（一）建立更加详细的有害气体的名单

现在大气成分越来越复杂，特别是那些工业区、化学工业区，大气成分非常复杂，仅仅监测已知的有害气体还不能充分地反映大气实质情况。需要联合污染源单位，协同来了解具体生产过程，分析有害气体逸出的可能性，然后有针对性地进行监测，使得监控目标尽量完善。

（二）提升监测方案

大气污染是动态的，有很多时候是突发的，所以监测方案要有多种形式。如果经济水平允许，建议在市区内尽量多设置监测点，让监测数据更贴近事实，同时配合流动监测，以避免风向或者人为因素对污染物的影响。监测点选择主要有人口密集区、工业区、主要交通干道、大气污染严重的区域、污染物排放较为严重的区域。对于这样的典型点位必须增加监测仪器的密度，尽量真实还原大气质量状况。

不过，大气是流动的，而且会因为风向的改变导致局部污染物组成的改变，所以笔者认为除了固定的监测点之外，还要在有效范围内设置流动监测设备，以做到对监测点污染范围的监控，这便实现了立体监控，让监控数据能够为数据分析提供支撑，最终为百姓生产生活提供参考。

另外还要对监测气体的属性进行了解，如果某区域存在的气体对人体有害，此时监测高度要放在 0.8 ~ 2m 范围内，正好是幼儿到成年人的身高范围。如果该地区气体对植物有害，就要根据植物的高度确定，一般都是以对应植物高度的中心位置为准。

在监测方案中甚至于气体取样之后，化学实验室的数据分析、质量评价和信息公布都要考虑在内，监测方案做得越详细，对城市生产生活的指导性越强。

以 PM^{10} 的监测为例，仪器选择上可以采用智能化的 PM^{10} 检测仪，其具有自动计算、自动识别滤膜、自动打印报告的功能。一般 PM10 监测点选择交通要道、冬季供暖锅炉附近。在实验室的数据分析中，主要有 beta 射线法、TEOM 微量震动天平法。这两种方法有着明显差别，前者适用于大概浓度测量，而且设备相对成本低，维护方便；后者浓度测量精确，设备成本很高，维护成本巨大，适用于精度测量。因此，城市 PM10 监测时，要视具体情况而选择仪器。

（三）多种监测点布置方法结合

监测点布置就是具体的监测仪器摆设位置选择布局，能否做好大气环境监测，很大程度上取决于此。布点方法主要有：功能区布点法、网格布点法、扇形布点法和同心圆布点法 4 种。

1. 功能区布点法

该种布点法踩点是根据功能区不同而不同的，针对功能区的具体特点来综合分析影响大气质量的因素，而且要结合该地区人类活动特点，主要目的是通过监测来为该区域人类活动提供参考。功能区布点法是大气环境监测的开始阶段。人类活动和区域所具有的功能布局，成为影响该地区大气质量的关键因素，所测量到的数据，反映的是一种综合作用结果。

2. 网格布点法

这种监测点的布置具有一定的规律性，不过监控地区大气污染影响因素较多，这就造成网格布点法的具体布点数量少了依据。而且这种布点显然没有考虑到人为影响因素，所以监控结果和实际有害气体含量会有出入。

3. 扇形布点法

对于那些风向固定的区域可以采用这种方法，这种方法突出了污染点，并以其为顶点扇形分布监控区域，在固定距离的扇形弧线上布置监测点。这种方式可以监控到污染源影响范围，为污染源处理提供参数支持。

4. 同心圆布点法

对于污染较为严重的地区，采用这种方法，以污染源为圆心，以固定距离设定同心圆。以污染源为顶点，以固定角度画出射线，射线和每个圆的焦点作为监测点。不过这种监测点布置容易受到风向影响，会导致有的区域有害气体指数较高，而有的区域有害气体指数很低。一般来说，上风头的污染物会相对少，而下风头的污染物浓度高。所以，布点时考虑到风向影响，在下风头处多设置监测点。对于污染严重地区用同心圆布点法，可以避免区域遗漏。

城市环境监测中的大气环境监测工作水平提升，有赖于监测名单的详细化、监测方案的优化、监测仪器和分析手段的高端化、监测点的科学布置。

三、大气自动监测方法应用

（一）大气自动监测概述

大气自动监测工作需得到现代化监测技术的支持。在过去很长一段时间，环保部门的相关工作主要以人工的方式为主，在耗费时间的同时会降低所得结果精度，且此类型测量方式不具备连续性，容易受到诸多因素的影响，所得到的结果并不能与城市大气情况相吻合。

引入大气自动监测站后，能从根本上避免上述弊端，监测工作得以以高效率的方式运行，所得到的检测数据更为精准。大气自动监测站的顺利运行建立在大气环境监测自动分析仪的基础上。对大气自动监测站系统的构成进行分析，以系统实验室以及计算机室为核心，在此基础上设置了多个监测子站以及质量保障室。此处重点对中心计算机室进行分析，它内置有线以及无线两大模块，二者的相互配合可以完成对数据的检测，明确其变动情况，对所得到的数据进行存储与分析，加之与子站中检测仪器的配合，可以提供远程诊断等丰富的功能。质量保障室主要具备校准功能，伴随着设备的持续运行，可以对监测站中的相关设备进行分析，并提出可行的大气环境监测质量控制措施。

在大气自动监测站的所有构成组件中，大气质量自动分析仪最为关键，它对于检测城市大气污染具有重要作用。对于部分特殊区域而言，为了进一步检测大气中的各类污染物，还要在上述基础上进行优化。因此，在运用大气自动监测站的过程中，需综合实际情况做出适当的改进，与实际需求相适应。

（二）大气 $PM^{2.5}$ 自动监测方法

1. TEOM 法

TEOM 法，又可称为振荡天平法。要得到 TEOM 检测仪的支持，应选取石英锥形管并增设滤膜，构成一体震荡系统，将滤膜膨胀系数控制在较低水平。在对 PM2.5 浓度进行检测时，主要分析的是试管自然频率振荡现象，残留在滤膜上的颗粒物质量会出现持续性变化现象，同时振荡频率也会随之变化，便形成了振荡差异。基于对振荡频率的分析，可以得到大气中 PM2.5 的浓度值，以达到大气污染指标自动监测的效果。从当前行业技术来看，TEOM 监测可行性较高，得到的 $PM_{2.5}$ 浓度值与实际情况相符，可实现连续自动监测，但操作者要具备高度的技能水平，且要合理维护设备。

2. β 射线法

此方法的运行原理在于分析 $PM_{2.5}$ 对射线强度衰减的影响情况，以达到自动检测 $PM_{2.5}$ 浓度的效果。具体操作流程为：利用采样管获得大气样本，经由滤膜后，大气中含有的 $PM_{2.5}$ 颗粒会残留在该结构上，借助 β 射线穿过滤膜，$PM_{2.5}$ 颗粒物会引发 β 射线的散射现象，带来不同程度的 β 射线衰减。基于对实际衰减程度的分析，可以得到大气中 $PM_{2.5}$ 的浓度情况。此方法可操作性良好，可持续性自动监测，但抽取的样品要足够合适，否则会对监测结果造成影响。

3. 光浊度法

在光照作用下使得大气悬浮物产生散射光，探讨散射光的强度，由于它与悬浮物浓度呈典型正比关系，引入转换系数后便可监测 $PM_{2.5}$。总体来说，光浊度法的监测更为便捷，但伴随着折射形态的改变，所得到的检测结果的准确性无法得到有效保障。

（三）大气自动监测站的应用

此次实验的地点为我国义乌市的大气环境国控点，实验监测的指标参照相关国家标准确定。自动监测数据的对比时间为 2018 年 5 月 7 日至同年 7 月 3 日，季节为夏季，通过日均值的比较和一致性的检验以及相关性的检验进行分析，实验步骤中仪器的运行和质量的控制均符合《环境空气质量手工监测技术规范》（HJ 194—2017）的要求。

通过实验，在对 β 射线法与光浊度法的对比期间，一共得到了 67 组的日均值数据，利用 β 射线法所得到的数据要比利用光浊度法所得到的数据低 5% ~ 10%。接着，对这两种方法进行一致性的检验，进而得出了以下结论：光浊度法可以得到具有一定准确度的大气中 $PM_{2.5}$ 的瞬时浓度，大气中的水汽对 β 射线法的影响较大，而光浊度法在采集时如果遇到雨珠，瞬时值会更高。

根据上述实验过程及结果，需要注意的是在使用 β 射线法的仪器时，应该对采样管进行加热，减少水汽的影响，且不能过分加热，需要合理利用动态加热系统。在实验时，需参照《国家环境监测网环境空气颗粒物（PM_{10}、$PM_{2.5}$）自动监测手工比对核查技术规定（试行）》，将实验方法与手工方法进行对比，在对比确定实验合理后方可进行实验。因为实验的方法较多，并且存在的影响因素较多，如地域差别、气候变化以及现场环境的变化等，所以通过实验所得到的结果只能作为参考。

四、大气环境监测传感技术应用

当前，与其他发达国家相比，我国的传感器技术在整体的精度方面相对较低，工作过程当中的一致性和稳定性不足。同时，我国国内很少有在环境监测工作当中对传感器技术加以充分运用的实例和新闻报道，针对传感器在环境监测性能以及影响因素方面的内容研究也比较浅显。传感器技术在大气环境监测工作中的应用，可以实现对大气当中的污染气体以及颗粒物质等的在线监测。

（一）大气环境监测传感技术实验分析

笔者选择市面上某品牌的三种不同类型的传感器，对大气当中的颗粒物质以及气态污染物进行了一个月的监测。其中固体颗粒物传感器采用的是我国国产品牌的光散射技术传感器，气体污染物传感器采用的是进口传感器。在进行正式监测工作之前，笔者通过气体内部的标准物质和气体混合一致性实验进行测试，对传感器组件进行优化和选择，在实际的监测工作当中，通过组网测试的方式验证了实验监测数据的有效性。

用作传感器监测数据对比的监控设备选择的是 Thermo Fisher（赛默飞世尔）品牌，监测工作原理为电化学发光法。其通过气体滤波和红外吸收的操作方式，实现了对一氧化氮和一氧化碳等有害物质的吸收和监测，通过紫外分光法对臭氧含量进行监测，通过脉冲紫外荧光检测法对二氧化碳进行监测。

笔者针对某城市的大气环境进行了一天的连续监测，使用三台不同的传感器进行同步操作，保持传感器进气口部分在同一个高度范围内，和地面之间的距离保持在 2 m。在监测工作当中，监测频率设定为每分钟一次，传感器的监测数据采样区间保持周期为一小时。大气环境监测点位于某城市的住宅区域和办公区域，周围环境没有明显的特殊污染问题，属于比较典型的环境监测区域。在大气环境监测工作当中，需要保持环境湿度在 27% ~ 98% 之间，平均值为 66%，监测过程当中平均日气温为 10 ~ 12 ℃。

正式开始监测 6 h 之后，笔者对其中所有的气态污染物以及传感器所收集到的数据进行了分析，通过观察传感器数据的波动状况，将其中不合理的气体收集参数设定为无效数据并进行舍弃。该研究工作的主要目的是使用传感器对大气环境监测工作当中的颗粒物质含量进行监测，不考虑季节变化对大气环境的影响。

（二）大气环境监测传感技术结论分析

笔者通过三台不同类型的传感器，对大气当中所含有的颗粒物质进行监测，结果显示监测的固体颗粒物质的含量普遍偏高。传感器的颗粒测定值相比于我国部分控制点的监测数据来讲较低。相比于国内平均控制点 $8 \sim 9 \ \mu g/m^3$，平均值为 $9 \sim 10 \ \mu g/m^3$。通过该项数据可以看出，传感器所测量的固体颗粒含量的精确度还有待提升，其中传感器的大气固体颗粒物的测定值和我国监测点所得到的数据相比更加复杂，在整体的数据分布上比较接近，在测定的百分位数上基本保持相同，千位数之上与国家平均控制点的绝对误差小于 $2 \ \mu g/m^3$。对监测数据的时间序列进行有效分析，从中可以看出传感器的监测数据和我国控制点的固体颗粒监测数据基本上保持一致。

1. 监测数据和时间

三台传感器的监测数据和我国标准大气环境监测数据相比有着一定的关联。对传感器和国内大气环境控制点的质量浓度数据进行对比和分析，可以得到系数浓度分别为 0.971 和 0.902。结合上述监测数据的结果，从中可以看出传感器在测定值方面比国家标准监测数值的精确度略高。

2. 监测数据相关性分析

传感器和国家内部监测控制点位，在数据之间存在的差异性比较明显。整体上来讲，传感器的测定值和国家控制监测数据之间差异不是非常大，在不同的大气质量浓度曲线当中，相对误差的分布规律基本保持相同。随着 $PM_{2.5}$ 质量浓度的不断上升，传感器和国家控制点的监测质量浓度误差范围逐渐缩小，以国家控制监测的数据作为基础，将 PM2.5 的质量浓度依照 $20 \ \mu g/m^3$ 进行一个层次的划分，可以计算出传感器测定值和国家控制点之间存在的误差大小。通过数据分析得出，传感器在测定的数值上与国家控制点的监测数据相比稍微偏低，同时相对误差基本保持在 $-50\% \sim 0\%$ 的范围之内，整体的数据呈现出先大后小的态势。同时，在监测数据为 $20 \ \mu g/m^3$ 左右时平均误差最大，在 $41\% \sim 81\%$ 之间传感器所监测到的大气质量数据和国家监控点的大气环境监测数据相比稍微偏高，相比误差值保持在 20% 的范围内，并且整体的素质呈现出下降的态势。在 $80 \ \mu g/m^3$ 以上的测量样本相对较少，同时误差整体也比较小，在 $100 \ \mu g/m^3$ 附近，传感器的测定和国家控制点的监测数据基本上保持一致。国家控制点的监测仪器和传感器相比，对一氧化碳和二氧化碳的监测浓度误差值相对较小，可以充分满足监测工作当中的实际需求。二氧化硫的测定误差值相对较大，其中平均的误差值为 56%，最小的误差值超过 12%。一氧化碳、臭氧以及二氧化碳的测定误差值基本相同，其中 90% 的一氧化碳在每小时的质量浓度监测场误差值保持在 30% 以内，平均监测浓度误差值为 17%；90% 的臭氧在每小时的质量浓度相对误差值在 50% 之内，平均的误差值大约为 35%。通过对国家控制点和传感器的环境监测数据进行综合分析，可知监测区域范围内没有明显的污染源排放，这可以有效证明实际监测工作当中主要的误差值源自监测仪器本身。

第三节　大气环境保护

一、合理利用环境自净作用

大气是一个容量巨大的动态平衡体，大气本身及周围环境对污染物能够进行稀释和消除。因此，合理利用这种自净作用，是有效降低大气污染的途径。

（一）大气的物理自净和化学自净

1. 物理自净

污染物进入大气层后，随着大气的流动不断地扩散和稀释，从而使其在大气中的浓度降低。烟尘、气体和经过化学转化的空中污染物通过与水分子结合和雨水的机械冲刷，再降落到地面和水环境，从而使大气得到净化。

2. 化学自净

废气通过各种途径排入大气后，废气成分之间、废气与大气成分之间可能会发生一系列化学反应，生成新的化学物质，从而使大气成分得到净化。但在这个过程中生成的一些物质甚至比原来的污染物危害更大，这是一个次生污染的问题。

在从污染源排出的污染物总量恒定的情况下，污染物的浓度在时间和空间上的分布同气象条件有直接的关系，认识并掌握气象变化规律，才可能充分利用大气的自净能力，从而减少或避免大气污染的危害。

（二）绿色植物对大气的净化作用

很多植物有过滤各种有毒有害大气污染物和净化大气的功能，树木的这种功能尤为显著，所以绿化造林是实现环境自净的比较经济且有效的措施。植物对大气污染物的净化作用主要表现在以下几个方面：

1. 林带对烟尘粉尘的过滤

当大气流过茂密的丛林时风速大大降低，气流中携带的颗粒较大的烟尘、粉尘等就会沉降下来。另外，由于树叶上生有绒毛，有的还分泌有黏液和树脂，可以吸附大量的飘尘，而且经过自然降雨冲洗后这种吸附作用又可以恢复。研究表明，这种过滤作用以针叶林最差，常绿阔叶林中等，落叶阔叶林最强。据有关资料报道，林地每年每公顷阻挡灰尘总量：松树为 34 t，云杉为 32 t，橡树为 68 t。

2. 植物对氧气和二氧化碳的调节

植物光合作用的特点就是吸收 CO_2 并产生 O_2。据测定，每亩公园绿地每天能吸收 CO_2 900 kg，制造 O_2 600 kg。因此通过大面积植树造林，就可以得到充足的氧气供应而维持大气成分新陈代谢平衡，能较好地降低温室气体 CO_2 含量，减小温室效应的影响。

3. 植物对大气中的有毒成分的吸收

很多植物可以吸收利用大气中的有毒有害气体，只要大气中该气体的含量不超过植物受害阈值浓度，植物就不会受害而能对该有毒有害气体进行吸收利用，从而降低该气体在大气中的浓度。如受二氧化硫污染的大气通过一条长 15 m、宽 15 m 的英国梧桐树林带后，二氧化硫浓度会降低 25% ~ 75%。植物对有毒有害气体的吸收情况见表 5-1。

表 5-1　植物对有毒有害气体的吸收情况

气体元素	相应吸收植物
硫	垂柳、臭椿、洋槐、夹竹桃、梧桐、柑橘、山楂、板栗丁香、枫树、黄瓜、芹菜、菊花
氟	拐枣、油菜、泡桐、大叶黄杨、女贞、美人蕉向日葵、菜豆、菠菜、菌麻 垂柳杉、银桦、女贞、黑枣、洋槐、紫穗槐、合欢、红柳银杏、柳杉、日本扁柏、樟树、海
氯、臭氧	桐、日本女贞、夹竹桃、栋树、刺槐、悬铃木、冬青
氨	向日葵、玉米、大豆
汞	夹竹桃、棕榈、桑、人叶黄杨
醛、酮、醚	栓皮槭、桂香柳、加拿大白杨

4. 部分树木具有杀菌作用

有些树木在生长过程中挥发出肉桂油和天竺葵油等多种特殊物质，这些物质对某些病原菌能起到良好杀灭作用。

二、控制或减少污染物的排放

目前环保部门对污染物的排放实行严格的监管。下面介绍控制或减少污染物排放的主要方法：

（一）改变燃料构成与开发新能源

在有条件的城市，要逐步推广使用天然气和石油液化气等清洁燃料，努力改变目前我国以煤为主的燃料构成；选用低硫燃料，对重油和煤炭要进行脱硫处理，改变燃料品质；开发和利用太阳能、氢燃料、地热等新能源，这些都是防治和降低二氧化硫以及烟尘等对大气污染的有效途径。

（二）区域集中供暖供热

根据供暖供热需要，在城市、村镇郊外设立大型的电热厂和供热站，实行区域集中供暖供热，是消除城镇烟尘的有效措施。集中供暖供热有利于使用高大烟囱，有利于烟气的高空排放和高效率除尘设备的使用，而且有提高热能利用率、降低燃料消耗、减少燃料运输等优点。据测定，同样的 1 t 煤，工业集中使用产生的烟量仅是居民分散使用的 1/2 ～ 1/3，产生的飘尘仅是居民分散使用的 1/4 ～ 1/5。

（三）提高烟囱排烟高度

烟气的扩散和稀释程度是与烟囱高度呈正相关的，烟囱越高越有利于烟气的扩散和稀释。据测定，一般烟囱高度超过 100 m 就可以达到明显的稀释扩散效果，烟囱过高反而加重造价投入。另外，应当指出，这是一种以扩大污染范围为代价，以减少污染源附近局部地面和大气污染的办法，其污染物的排放总量并没有减少。近年来发展起来的集中排烟法就是以提高烟囱排烟有效高度为前提的一种方法。

（四）控制废气排放时间

在风小、湿度大、气压低以及大气有逆温层存在的情况下，或是在农作物孕穗扬花季节，如有大气污染，农作物最易受伤害，造成严重后果，导致经济损失。所以应根据农作物生长情况和农作物受害特点，合理安排工厂生产，控制工业废气的排放，以防止或减轻对农作物的危害。在农作物对污染的敏感期（禾谷类农作物为孕穗扬花期，果树为开花坐果期），工厂要尽量压缩生产，必要时甚至短期停产；工厂检修设备、排空废气等生产活动尽量安排在农作物秋收之后；平时排放废气应选择风大、干燥天气进行。

三、大气环境治理的相关技术

目前大气环境治理的相关技术主要如下。

（一）脱硫技术

控制 SO_2 排放的工艺，按其在燃烧过程中所处位置可分为燃烧前脱硫、燃烧中脱硫和燃烧后脱硫三种。燃烧前脱硫主要是洗煤、煤的气化和液化。洗煤可用作脱硫的辅助手段，经济适用的煤的气化和液化技术在进一步开发之中。就燃烧中脱硫的型煤和循环流化床燃烧来说，燃用型煤比直接燃用原煤节煤又干净，较多用于中小锅炉上；国内最大的循环流化床是 75 t/h 炉型，适用于工业锅炉和采暖，国外电站应用于机组容量的有的高达 300 t/h。

燃烧后烟气脱硫技术是当前世界唯一大规模商业化应用的脱硫方式，是控制 SO_2 污染和酸雨的主要技术手段。而烟气脱硫被认为是控制 SO_2 最行之有效的途径。烟气脱硫主要有湿法、半干法、干法等。目前世界上采用烟气脱硫系统最多的国家为美国、日本和德国。其中，湿式石灰石 – 石膏法、喷雾干燥法、荷电干式吸收剂喷射法等是工艺成熟、应用较广的烟气脱硫方法。

减少 SO_2 污染最简单的方法是改用含硫低的燃料。据有关资料介绍，原煤经过洗选之后，SO_2 排放量可减少30% ～ 50%，灰分去除约20%。另外，改烧固硫型煤、低硫油，或以天然气代替原煤，也是减少硫排放的有效途径。

（二）脱氮技术

NO$_x$排放控制技术大致可分为两类：一类是脱硫技术和脱氮技术（主要是选择性催化还原技术）的组合；另一类是SO$_x$/NO$_x$联合脱除技术，是利用吸附剂同时脱除SO$_x$和NO$_x$的工艺。

对烟气脱硫设备进行改造以满足控制NOx所要求的联合脱除工艺也是近年来开发的热点。美国阿贡国家实验室在20 MW燃用高硫煤锅炉上进行了喷雾干燥法联合脱硫脱氮的示范试验，通过在石灰水溶液中加入一定量的氢氧化钠，使脱氮率达到50%。

（三）除尘技术

尘埃细粒子对人体呼吸系统、大气能见度和城市景观等都会产生极其不良的影响。随着各种除尘器的使用和对土壤扬尘、道路扬尘的控制，较易被去除的大粒子的排放水平有很大的降低，但由于细粒子的去除比较困难，其排放水平没有显著下降，它在大气气溶胶中的比例反而有所上升。因此，许多发达国家早已把大气气溶胶的环境标准由总悬浮颗粒物（TSP < 100 μm）改变为对人体健康危害更大的PM^{10}，并对PM^{10}的污染现状、来源、环境影响、健康影响和控制对策等问题进行了一系列深入的调查研究。特别是美国经过多年的研究，注意到控制大气气溶胶的污染，不能只控制总悬浮微粒物（TSP）的排放，更应重点控制PM^{10}，甚至PM$^{2.5}$的排放。为此，美国国家环境保护局（EPA）于1997年6月颁布的《大气环境质量标准》中增加了PM$^{2.5}$的标准。而大量的研究表明，对人体健康和大气环境影响最大的恰恰是粒径小于2.5 μm的粒子。此后，在大气气溶胶的研究中，人们逐渐重视细粒子，并对PM2.5和凝结核进行系统的研究。

除尘过程的机理是将含尘气体引入具有一种或几种力作用的除尘装置，使颗粒相对其运载气流产生一定的位移，并从气流中分离出来，最后沉降到捕集表面上。颗粒的粒径大小和种类不同，所受作用力就不同，其动力学行为亦不同。颗粒捕集过程中所受的作用力有重力、离心力、惯性力、静电力、磁力和热力等。作用在运动颗粒上的流体阻力，对所有捕集过程来说都是最基本的作用力，颗粒间的相互作用力，在颗粒浓度较低时可以忽略不计。

四、大气环境保护举措

（一）提升环境保护的专项宣传

在日常工作中，政府需要进一步加强对于环境保护内容的系统化宣传，从而让广大民众可以在日常的宣传活动中全面提升对大气污染危害与环保的认知，以进一步推动广大民众在日常生活、管理与监管之中的主动参与性，从而更好推动环境保护工作。环境保护工作的宣传核心是由政府主管部门进行主导，将环境保护的具体政策与要求下传到企业、社区等公共组织之中，以加强社会各界对环境保护的关注程度，进一步提升社会整体的环境保护意识。同时，企业需要进一步提升对绿色生产意识的关注度，结合企业的具体运作情况，创建出具有针对性的环境保护建设内容，以更好地提高企业环境保护工作的整体开展品质。社会各界也需要参与到对大气环境保护的监管之中，大气环境与每一个民众的生活都紧密相关，所以每一个民众都有责任在第一时间将具体的问题向有关部门进行反馈，进一步提高环境监督管理工作的质量。

（二）进一步科学调控工业布局

为了进一步提升环境保护工作的品质，在产业布局、能源结构调整等方面要做好有针对性的设计，特别是在产业布局的规划之中，需要切实关注对生产行业资源的科学调配，深化绿色建设工作。分析目前国内的生产行业布局可知，总体的规划与建设品质依然有着较为显著的问题，许多工业生产会带来体量较大的废气，从而对区域的大气环境造成较为突出的污染问题。为了改善这种现状，在生产行业建设区域的规划中，需要强调与关注合理性与科学性，以充分做好资源的科学规划使用。在工业区域的建设之中，需要加强对企业的有效管理，特别是企业内部设置专业化的环保设施，推动企业经济效益与环境效益的整体提升。

（三）健全污染气体的排放标准

对于企业而言，完全不产生污染气体很难做到，为了实现对大气环境的有效保护，有关部门需要进一步健全污染气体的排放标准，对企业的生产开展专项的监管，加强对企业排放体量的专项核定，对于其中的污染物质开展专业化的检测，进一步加强对企业生产的监督管控，以保证企业依据标准进行规范化排放。

例如，倘若想要全面控制汽车尾气对大气环境所带来的污染，则需要切实对汽车尾气排放的体量开展标准的管控。如对不同类型的车辆规定具体的排放要求，严格按照要求对车辆开展科学管控，这样才可以控制尾气排放所带来的负面影响。有关部门与专业工作人员需要结合实际情况来创编标准的排放方案，政府也需进一步提升对汽车生产厂商的管控，引导汽车生产厂商对现有的汽车制造技术开展有效的绿色化改进，运用专业的科学技术来控制汽车尾气的排放量，从源头上改善汽车尾气给大气带来的污染问题。

综上所述，我国需要进一步加强对大气环境的专项防护工作，通过提升环境防护宣传、调控工业生产能源结构以及创建科学的污染排放标准等诸多举措，来进一步提高国内大气环境监管工作的质量与效率。

第四节　大气污染物的扩散

一个区域的大气污染程度取决于该区域内排放污染物的源参数、气象条件和地层下垫面的状况。污染源包括排放污染物的数量、组成、排放方式，污染源的几何形状、相对位置、密集程度及污染源的高度等。排入大气的污染物通常由各种气体和固体颗粒组成，它们的性质是由它们的化学成分决定的。不同的化学成分在大气中造成的化学反应和被清除过程不同，粒径大小不同的固体颗粒在大气中的沉降速度及清除过程也是不同的，因此其对浓度分布的影响也不同。按污染源的几何形状分类，可分为点源、面源和线源；按排放污染物的持续时间分类，有瞬时源、间断源和连续源；按排放源的高度分类可分为地面源和高架源等。不同类型的污染源有不同的排放方式，污染物进入大气的初始状态也不一样，因此其浓度分布不同，计算污染物浓度的公式也不同。但污染源的几何形状和排放方式只是相对的。例如，通常将工厂烟囱看作高架连续源，繁忙的公路作为连续线源，而城市居民区的家庭炉灶当做面源。各个污染源结合在一起，则可看成复合源。气象条件和下垫面状况决定了大气对污染物的稀释扩散速率和迁移转化途径。因此，在污染源参数一定的条件下，气象条件和下垫面状况是影响大气污染的重要因素。本节主要讨论气象条件和近地表下垫面的状况对污染物扩散的影响。

一、影响大气污染物扩散的气象因素

根据学界的研究结果，风向、风速、大气的稳定度、降水情况和雾是影响空气污染的重要气象因素。

（一）风的影响

风对空气中污染的扩散影响包括风向和风速两个方面。风向影响着污染物的扩散方向。任何地区的风向，一年四季都在变化，但是也都有它自己的主风向。风速的大小决定着污染物扩散的快慢和稀释程度。通常，污染物在大气中的浓度与平均风速成反比。若风速快一倍，则下风向污染物的浓度将减少一半。由于地面对风的摩擦阻碍作用，所以风速随高度的下降而减小。100m 高处的风速，约为 1m 高处的 3 倍。为了表示风向、风速对空气污染物的扩散的影响，可以采用风向频率玫瑰图和污染系数玫瑰图。所谓风向频率，是指某方向的风占全年各风向总和的百分率。如果从一个原点出发，画出许多根辐射线，每一条辐射线的方向就是某个地区的一种风向，而线段的长短则表示该方向风的风向频率，将这些线段的末端逐一连接起来，就得到该地区的风向频率玫瑰图。污染系数表示风向、风速联合作用对空气污染物的扩散影响。其值可由下式计算：

$$污染系数 = \frac{风向频率}{该风向的平均风速}$$

不同方向的污染系数不尽相同，其大小则表示该方向空气污染的轻重。如果也像绘制风向频率玫瑰图那样，在从某原点出发的辐射线上，截取一定长短的线段，表示该方向上污染系数的大小，并把各线段的末端逐一连接起来，就得到污染系数玫瑰图。风向频率玫瑰图和污染系数玫瑰图都能直观地反映一个地区的风向，或风向与风速联合作用对空气污染物的扩散影响。换言之，由风向玫瑰图和污染玫瑰图可直观地看到某地区的某个方向上，由于风的作用所造成的空气污染程度。

（二）大气稳定性的影响

在地球表面的上方，大气温度随高度变化的速率，是气象变化的一个重要因素，它直接影响空气的垂直混合状况。换言之，大气温度随高度的分布情况与大气的稳定性关系密切，同时影响着受污染的空气被较洁净的空气混合而稀释其污染浓度的作用。以下简要介绍大气温度随高度的变化情况。将大气温度沿垂直方向随高度变化的速率称为垂直降温率，并用式（5-2）表示：

$$r = -\frac{\mathrm{d}T}{\mathrm{d}h}$$

垂直绝热降温率就是空气在绝热条件下上升时，由于上升气块所受的压力降低而膨胀，消耗了内能，使气块温度随之下降的速率。绝热就是指该气块与其周围不存在任何热交换。由于干空气可近似看作理想气体，气压随高度变化的关系如式（5-3）所示：

$$\frac{\mathrm{d}p}{\mathrm{d}h} = -\rho g$$

利用有关热力学公式，可以推导出计算垂直绝热降温率的数学表达式：

$$r = -\frac{\mathrm{d}T}{\mathrm{d}h} = \frac{Mg}{C_{pm}}$$

把相应的数值代入式（5-4）后，便可求得值：

$$r \approx \frac{0.98^{\circ}\mathrm{C}}{100\mathrm{m}} \approx \frac{1^{\circ}\mathrm{C}}{100\mathrm{m}}$$

这就是说，当空气绝热上升时，离地面每升高 100m，气温下降 1℃。通常把将 r 值称为空气的绝热降温率。显然，这是针对理想情况的，实际情况并非如此。由于各地区空气的成分、干湿等差异，所以值不总是等于 1℃/100m。例如，>1℃/100m，就是超绝热降温率。此时气块上升的降温率大于绝热降温率，造成气块的温度低于理想的温度。冷空气下沉，下沉后受到地表的辐射热又上升，结果发生垂直混合。显然，此时大气是不稳定的，它有利于空中的污染物扩散。从控制空气污染的角度出发，这是人们所期待的气象条件。与此相反，当 r<1℃/100m，即次绝热降温时，空气是稳定的，此时空气上升的降温率低于绝热降温率，以致气块的温度稍高于理想的温度。这样，不同高度的空气层之间，就很难发生垂直混合。因此，空气基本上是稳定的，这会使空气中污

染物积累起来，不利于空气中污染物的扩散。不同降温率对烟囱的排烟形式影响很大。超绝热降温时，大气不稳定，出现波浪形形排烟，它能使污染物随风速扩散。逆温时，由于大气稳定，形成扇形排烟，它严重地妨碍空中污染物的垂直运动，只能向水平方向扩散；当大气的上层为逆温，下层是超绝热降温，即上层稳定，下层不稳定时，形成熏烟型排烟，空气中污染物被熏烟带回地面，使污染更为严重。

（三）降水的影响

各种形式的降水，特别是降雨，能有效地吸收、淋洗空气中的各种污染物。所以大雨之后，空气格外清新。

（四）雾的影响

有雾的天气属于静风状况，进入到大气的污染物很难扩散。雾像一顶盖子，它会使空气污染程度加剧。以上所讨论的风、大气的稳定性、降水情况及雾的影响，都是影响空气污染物扩散的主要气象因素。

二、大气污染物扩散与下垫面的关系

地面是一个凹凸不平的粗糙曲面，当气流沿地面流过时必然要同各种地形地物发生摩擦作用，使风向、风速同时发生变化，其影响程度与各障碍物的体积、形状、高低有密切关系。地形、山脉的阻滞作用对风速有很大影响。尤其是封闭的山谷盆地，因其四周群山的屏障影响，往往是静风，小风频率占很大比重，不利于大气污染物的扩散。城市中的高层建筑物、体形大的建筑物和构筑物，都能造成气流在小范围内产生涡流，阻碍气流运动，减小平均风速，降低近地层风速梯度；并使风向摆动很大，近地面风场变得很不规则。一般规律是建筑物背风区风速下降，在局部地区产生涡流，不利于气体扩散。山风和谷风的方向是相反的，但比较稳定。在山风与谷风的转换期间，风的方向是不稳定的，山风和谷风均可能出现时而山风时而谷风的现象。这时如果有大量污染物排入山谷中，由于风向的摆动，污染物不易扩散，导致污染物在山谷中停留很长时间，可能造成大气污染。

（一）城市下垫面的影响

由于城市与郊区相比，其地面建筑物密集，道路硬化等，容易吸收更多的太阳热能，造成了城乡大气的温度差，从而引起局地风，也就是所谓的城市热岛环流。造成城乡温度差异的主要原因有以下几种：①城市人口密集、工业集中，能耗水平高；①城市的覆盖物（如建筑物、水泥路面等）热容量大，白天吸收太阳辐射热，夜间放热缓慢，使低层空气变暖；①城市上空笼罩烟雾和CO_2，使地面有效辐射减弱。因此，城市市区净热量比周围乡村多，故平均气温比周围乡村高（尤其是夜间），于是形成了城市热岛效应。据统计，城乡年平均温差一般为 $0.4℃ \sim 1.5℃$，有时可达 $6.0℃ \sim 8.0℃$。温差与城市的大小、性质、当地气候条件和纬度有关。由于城市热岛环流或城市风，空气在市区汇合就会产生上升气流。因此，如果城市周围有较多生产污染物的工厂，就会使污染物在夜间向城市中心迁移，造成严重污染。尤其是夜间城市上空有逆温层存在时，污染更加严重。

（二）山区下垫面的影响

山谷风发生在山区，是以昼夜为周期的局地环流。山谷风在山区最为常见，其主要是由于山坡和谷地受热不均而产生的。在白天，太阳首先照到山坡上，使山坡上大气比谷地上同一高度的大气温度高，形成了由沟谷吹向山坡的风，称为谷风。在高空形成了由山坡吹向山谷的反谷风。它们同山坡上升气流和谷地下降气流一起形成了山谷风局地环流。在夜间，山坡和山顶比谷地冷却得快，使山坡和山顶的冷空气顺山坡下滑到谷底，形成了山风。它们同山坡下降气流和谷地上升气流一起构成了山谷风局地环流。

（三）水陆交界区的影响

在水陆交界地区（主要指海陆交界地带）由于地面和水面的温差，形成以昼夜为周期的大气局地环流，称为海陆风。海陆风是由于陆地和海洋的热力性质差异而引起的。在白天，由于太阳辐射，陆地升温比海洋快，在海陆大气之间产生了温度差、气压差，使低空大气由海洋流向陆地，形成海风；高空大气从陆地流向海洋，形成反海风。它们和陆地上的上升气流和海洋上的下降气流一起形成了海陆风局地环流。在夜晚，由于有效辐射发生了变化，陆地比海洋降温快，在海陆之间产生了与白天相反的温度差、气压差，低空大气从陆地流向海洋，形成陆风；高空大气从海洋流向陆地，形成反陆风。它们同陆地下降气流和海面上升气流一起构成了海陆风局地环流。在湖泊、江河和水陆的交界地带也会产生水陆风局地环流，但水陆风的活动范围和强度比海陆风要小。由此可知，建在海边地区的工厂必须考虑海陆风的影响，因为可能会出现夜间随陆风吹到海面上的污染物，在白天又随海风吹回来，或者进入海陆风局地环流中，使污染物不能充分扩散稀释而造成污染。

第五节　大气污染治理技术

大气污染治理技术主要包括颗粒污染物的治理技术、气态污染物的治理技术和洁净燃烧技术等。

一、颗粒污染物的治理技术（除尘技术）

从废气中将颗粒物分离出来并加以捕集、回收的过程称为除尘。实现这一过程的设备、装置称为除尘器。

（一）除尘装置的技术性能指标

全面评价除尘装置性能应包括技术指标和经济指标两项内容。技术指标常以气体处理量、净化效率、压力损失等参数表示；而经济指标则包括设备费、运行费、占地面积等内容。下文主要介绍其技术性能指标。

1. 烟尘的浓度表示

根据含尘气体中含尘量的大小，烟尘浓度可表示为以下两种形式。

（1）烟尘的个数浓度单位气体体积中所含烟尘颗粒的个数，称为烟尘的个数浓度，单位为个 $/cm^3$。

（2）烟尘的质量浓度每单位标准体积含尘气体中悬浮的烟尘质量数，称为烟尘的质量浓度，单位为 mg/m^3。实际应用中常用质量浓度表示烟尘的浓度。

2. 除尘装置气体处理量

该项指标表示的是除尘装置在单位时间内所能处理烟气量的大小，是表明除尘装置处理能力大小的参数，烟气量一般用体积流量表示（m^3/h 或 m^3/s）。

3. 除尘装置的效率

除尘装置的效率是评价除尘装置捕集粉尘效果的重要指标，也是选择、评价除尘装置的最主要参数。其可用总效率、分级效率、通过率、多级除尘效率等表示。

（1）总效率（除尘效率）总效率是指在同一时间内，由除尘装置除下的粉尘量与进入除尘装置的粉尘量的百分比，常用符号表示。总效率所反映的是除尘装置净化程度的平均值，它是评价除尘装置性能的重要技术指标。

（2）分级效率分级效率是指除尘装置对以某一粒径为中心、粒径宽度为范围的烟尘的除尘效率，具体数值是用同一时间内除尘装置除下的该粒径范围内的烟尘量占进入除尘装置的该粒径范围内的烟尘量的百分比来表示的，符号为。总除尘效率只是表示对气流中各种粒径的颗粒污染物去除效率的平均值，而不能说明对某一粒径范围粒子的去除能力，因此不能完全反映除尘装置效果的好坏。引入分级效率后，即可根据对不同粒径的粉尘去除情况，更准确地判断除尘效果的好坏，这样可以根据要处理的烟气中的粒径分布情况，选择更适宜的除尘装置。

（3）通过率（除尘效果）通过率是指没有被除尘装置除下的烟尘量与除尘装置入口烟尘量的百分比。在对烟气进行除尘时，最主要的是除尘后气体中还含有多少烟尘量。单从除尘效率看，除尘装置的这种性能差异表现得不明显，若用通过率来表示，这种差异就可比较清楚地显示出来。

（4）多级除尘效率在实际应用的除尘系统中，为了提高除尘效率，经常把两种或多种不同规格或不同形式的除尘器串联使用。这种多级除尘系统的总效率称为多级除尘效率，一般用来表示。

4. 除尘装置的压力损失

压力损失是表示除尘装置消耗能量大小的指标，有时也称压力降。压力损失的大小用除尘装置进出口处气流的全压差（Δp）来表示。

（二）除尘装置的分类

除尘装置种类繁多，根据不同的原则，可对除尘器进行不同的分类。依照除尘装置的主要机理，可将其分为机械式除尘器、过滤式除尘器、湿式除尘器、静电除尘器等四类。根据在除尘过程中是否使用水或其他液体可分为：湿式除尘器和干式除尘器。此外，按除尘效率的高低还可将除尘器分为高效除尘器、中效除尘器和低效除尘器。近年来，为提高对微粒的捕集效率，还出现了综合几种除尘机制的新型除尘器，如声凝聚器、热凝聚器、高梯度磁分离器等。

（三）几种主要除尘装置

1. 机械式除尘器

机械式除尘器是通过质量力的作用达到除尘目的的除尘装置。质量力包括重力、惯性力和离心力，主要除尘器形式为重力沉降室、惯性除尘器和离心式除尘器（旋风除尘器）等。

（1）重力沉降室重力沉降室是利用粉尘与气体的密度不同，使含尘气体中的尘粒依靠自身的重力从气流中自然沉降下来，达到净化目的的一种装置。重力沉降室分为单层和多层重力沉降室。含尘气流进入沉降室后，通过横断面比管道大得多的沉降室时，流速大大降低，气流中大而重的尘粒，在随气流流出沉降室之前，由于重力的作用，缓慢下落至沉降室底部而被清除。重力沉降室是各种除尘器中最简单的一种，只能捕集粒径较大的尘粒，其一般对 $50\mu m$ 以上的尘粒具有较好的捕集作用，而对于小于 $50\mu m$ 的尘粒捕集效果差，因此除尘效率低，只能作为初级除尘手段。

（2）惯性除尘器利用粉尘与气体在运动中的惯性力的不同，使粉尘从气流中分离出来的方法称为惯性力除尘。常用方法是使含尘气流冲击在挡板上，气流方向发生急剧改变，气流中的尘粒惯性较大，不能随气流急剧转弯，便从气流中分离出来。一般情况下，惯性气流中的气流速度较高，气流方向转变角度愈大，气流转换方向次数愈多，对粉尘的净化效率愈高，但其压力损失也会愈大。惯性除尘器适于非黏性、非纤维性粉尘的去除，设备结构简单，阻力较小，但其分离效率较低，为50% ~ 70%，只能捕集10 ~ 20以上的粗尘粒。故只能用于多级除尘中的第一级除尘。

（3）离心式除尘器含尘气流沿某一方向作连续的旋转运动，粒子在随气流旋转中获得离心力，使粒子从气流中分离出来的装置为离心式除尘器，也称为旋风除尘器。普通旋风除尘器是由进气管、排气管、圆筒体、圆锥体和灰斗组成。在机械式除尘器中，离心式除尘器是效率最高的一种。它适用于非黏性及非纤维性粉尘的去除，对大于 $50\mu m$ 的颗粒具有较高的去除效率，属于中效除尘器，且可用于高温烟气的净化。因此，它是应用广泛的一种除尘器。它多应用于锅炉烟气除尘、多级除尘及预除尘。它的主要缺点是对细小尘粒（ $< 5\mu m$ ）的去除效率较低。

2. 过滤式除尘器

过滤式除尘是使含尘气体通过多孔滤料，把气体中的尘粒截留下来，使气体得到净化的方法。按滤尘方式有内部过滤与外部过滤之分。内部过滤是把松散多孔的滤料填充在框架内作为过滤层，尘粒是在滤层内部被捕集（如颗粒层过滤器）。外部过滤是用纤维织物、滤布等作为滤料，通过滤料的表面捕集尘粒，故称为外部过滤。这种除尘方式最典型的装置是袋式除尘器。机械清灰袋式除尘器是过滤式除尘器中应用最广泛的一种。用棉、毛、有机纤维、无机纤维等材料做成滤袋。滤袋是袋式除尘器中最主要的滤尘部件，滤袋的形状有圆形和扁圆形两种，应用最多的为圆形滤袋。袋式除尘器广泛用于各种工业废气除尘中，它属于高效除尘器，除尘效率大于99%，对细粉有很强的捕集能力，对颗粒性质及气量适应性强，同时便于回收干料。袋式除尘器不适于处理含油、含水及黏结性粉尘，同时也不适于处理高温含尘气体，一般情况下被处理气体温度应低于100℃，在处理高温烟气时需预先对烟气进行冷却降温。

3. 湿式除尘器

湿式除尘也称为洗涤除尘。该方法是用液体（一般为水）洗涤含尘气体，使尘粒与液膜、液滴或气泡碰撞而被吸附，凝集变大，尘粒随液体排出，气体得到净化。由于洗涤液对多种气态污染物具有吸收作用，因此它既能净化气体中的固体颗粒物，又能同时脱除气体中的气态有害物质，这是其他类型除尘器所无法做到的。某些洗涤器也可以单独充当吸收器使用。湿式除尘器种类很多，主要有各种形式的喷淋塔、离心喷淋洗涤除尘器和文丘里式洗涤器等。湿式除尘器结构简单、造价低、除尘效率高，在处理高温、易燃、易爆气体时安全性好。在除尘的同时还可去除气体中的有害物。湿式除尘器的缺点是用水量大，易产生腐蚀性液体，其产生的废液或泥浆需进行适当处理，否则会造成二次污染，且在寒冷地区和冬季易结冰。4. 静电除尘器静电除尘器的工作原理是利用高压电场产生的静电力（库仑力）的作用实现固体粒子或液体粒子与气流分离的方法。

二、气态污染物的治理技术

工农业生产、交通运输和人类生活活动中所排放的气体中有害物质种类众多。依据这些物质不同的化学性质和物理性质，可以采用吸收法、吸附法、催化法、燃烧法、冷凝法等不同的技术方法进行治理。

（一）主要治理方法

1. 吸收法

吸收法是采用适当的液体作为吸收剂，使含有有害物质的废气与吸收剂接触，废气中的有害物质被吸收于吸收剂中，使气体得到净化的方法。在吸收过程中，用来吸收气体中有害组分的液体叫作吸收剂，被吸收的气体组分称为吸收质，而吸收了吸收质后的液体叫作吸收液。吸收过程中，依据吸收质与吸收剂是否发生化学反应，可将吸收分为物理吸收与化学吸收。在处理气量大、有害组分浓度低为特点的各种废气时，化学吸收的效果要比单纯物理吸收好得多。因此，在用吸收法治理气态污染物时，多采用化学吸收法。吸收法具有设备简单、捕集效率高、应用范围广、一次性投资低等特点。但由于吸收是将气体中的有害物质转移到了液体中，因此对吸收液必须进行妥善处理，否则容易引起二次污染。此外，由于吸收温度越低效果越好，因此在处理高温烟气时，必须对排气进行降温预处理。

2. 吸附法

吸附法治理废气就是使废气与比表面积大的多孔性固体物质相接触，将废气中的有害组分吸附在固体表面上，使其与气体混合物分离，达到净化目的。具有吸附作用的固体物质称为吸附剂，被吸附的气体组分称为吸附质。当吸附进行到一定程度时，为了回收吸附质以及恢复吸附剂的吸附能力，需采用一定的方法使吸附质从吸附剂上解脱下来，称为吸附剂的再生。吸附法治理气态污染物应包括吸附及吸附剂再生的全部过程。吸附法的净化效率高，特别是对低浓度气体具有很强的净化能力。若单纯就净化程度说，只要吸附剂量足够，就可以达到任何要求的净化程度。因此，吸附法特别适用于排放标准要求严格，或有害物浓度低、用其他方法达不到净化要求的气体净化，其常作为深度净化手段或联合应用净化方法时的最终控制手段。吸附效率高的吸附剂，如活性炭、活性氧化铝、分子筛等，价格一般都比较昂贵。因此，必须对失效吸附剂进行再生，重复使用吸附剂，以降低吸附的费用。常用的再生方法有升温脱附、减压脱附、吹扫脱附等。再生的操作比较麻烦，且必须专门供应蒸汽或热空气等满足吸附剂再生的需要，使设备费用和操作费用增加，这一点限制了吸附方法的应用。另外，由于一般吸附剂的容量有限，因此对高浓度废气的净化，不宜采用吸附法。

3. 催化法

催化法净化气态污染物是利用催化剂的催化作用，使废气中的有害组分发生化学反应后转化为无害物质或易于去除物质的一种方法。催化方法净化效率较高，其净化效率受废气中污染物浓度影响较小。而且在治理过程中，无须将污染物与主气流分离，可直接将主气流中的有害物转化为无害物，避免了二次污染。但其所用催化剂价格较贵，操作上要求较高，废气中的有害物质很难作为有用物质进行回收，不适于间歇排气的治理过程也限制了它的应用。

4. 燃烧净化法

燃烧净化法是对含有可燃性的有害组分的混合气体进行氧化燃烧或高温分解，从而使这些有害组分转化为无害物质的方法。燃烧净化法主要应用于碳氢化合物、一氧化碳、恶臭、沥青烟、黑烟等有害物质的净化治理。实际应用的燃烧净化方法有三种，直接燃烧、热力燃烧与催化燃烧。燃烧净化法工艺比较简单，操作方便，可回收燃烧后的热量。但此法不能回收有用物质，需对燃烧后的废气进行处理，否则容易造成二次污染。

5. 冷凝法

冷凝法是采用降低废气温度或提高废气压力的方法，使一些易于凝结的有害气体或蒸汽态的污染物冷凝成液体，并从废气中分离出来。冷凝法只适用于处理高浓度的有机废气，常用做吸附、燃烧等净化高浓度废气的前处理，以减轻后续处理装置的负荷。冷凝法的设备简单、操作方便，并可回收到纯度较高的产物，因此成为气态污染物治理的主要方法之一。

（二）低浓度 SO_2 废气治理

对低浓度 SO_2 废气的治理，目前常用的方法有抛弃法和回收法两种。抛弃法是将脱硫的生成物作为固体废物抛掉。这种方法简单、费用低廉。回收法是将 SO_2 转变成有用的物质加以回收，成本高，所回收的物质存在着应用及销路问题，但有利于保护环境。因此，可根据实际情况进行选择。目前，在工业上应用的处理 SO_2 废气的方法主要为湿法，即用液体吸收剂洗涤烟气，吸收烟气所含的 SO_2。其次为干法，即用吸附剂或催化剂脱除废气中的 SO_2。

1. 湿法

（1）氨法用氨水作为吸收剂处理废气中的 SO_2，由于氨易挥发，实际上此法是用氨水与 SO_2 反应后生成的亚硫酸铵水溶液作为吸收 SO_2 的吸收剂，其主要反应如下：

$$(NH_4)_2 SO_3 + SO_2 + H_2O \rightarrow 2NH_4HSO_3$$

通入氨后的再生反应为：

$$NH_4HSO_3 + NH_3 \rightarrow (NH_4)_2 SO_3$$

对吸收后的混合液用不同的方法处理可得到不同的副产物。若用浓硫酸或浓硝酸等对吸收液进行酸解，所得到的副产物为高浓度 SO_2、$(NH_4)_2SO_3$ 或 NH_4NO_3，该法称为"氨－酸法"。若用 $NH_3.NH_4HCO_3$ 等将吸收液中的 NH_4HSO_3 中和为 $(NH_4)_2SO_3$ 后，经法不消耗酸，此法称为"氨－亚氨"法。若将吸收液用 NH_3 中和，使吸收液中的 NH_4HSO_3 全部变为 $(NH_4)_2SO_3$，再用空气对 $(NH_4)_2SO_3$ 进行氧化，则可得到副产物 $(NH_4)_2SO_4$。该法称为氨—硫铵法。氨法工艺成熟，流程简单，操作方便，其副产物 SO_2 可生产液态 SO_2 或制硫酸，其产生的硫铵可做化肥，亚铵可用于治浆造纸代替烧碱，这是一种较好的方法，该法适用于处理硫酸生产过程的尾气。但由于氨易挥发，吸收剂消耗量大，因此缺乏氨源的地方不宜采用此法。（2）钠碱法钠碱法是用氢氧化钠或碳酸钠的水溶液作为开始吸收剂，与 SO_2 反应生成的 Na_2SO_3 继续吸收 SO_2，主要吸收反应为：

$$NaOH + SO_2 \rightarrow NaHSO_3$$

$$2NaOH + SO_2 \rightarrow Na_2SO_3 + H_2O$$

$$Na_2SO_3 + SO_2 + H_2O \rightarrow 2NaHSO_3$$

生成的吸收液为 Na_2SO_3 和 $NaHSO_3$ 的混合液。用不同的方法处理吸收液，可得不同的副产物。将吸收液中的 $NaHSO_3$ 用 $NaOH$ 中和，得到 Na_2SO_3。由于 Na_2SO_3 的溶解度较 NaHSO₃ 低，它可从溶液中结晶出来，经分离可得副产物 Na₂SO₃，析出结晶后的母液作为吸收剂循环使用，该法称为亚硫酸钠法。若将吸收液中的 NaHSO₃ 加热再生，可得到高浓度 SO₂ 作为副产物，而得到的 Na₂SO₃ 经结晶分离溶解后返回吸收系统循环使用。此法称为亚硫酸钠循环法或威尔曼洛德钠法。钠碱吸收剂吸收能力大，不易挥发，对吸收系统不存在结垢、堵塞等问题。亚硫酸钠法工艺成熟、简单，吸收效率高，所得副产物纯度高，但耗碱量大，成本高，因此只适于中小气量烟气的治理。而吸收液循环法可处理大气量烟气，吸收效率可达 90% 以上，是应用最多的方法之一。

（3）钙碱法此法是用石灰石、生石灰或消石灰的乳浊液为吸收剂吸收烟气中 SO₂ 的方法。此法对吸收液进行氧化可得到副产物石膏，通过控制吸收液的 pH 值，可以得到副产物半水亚硫酸钙。钙碱法所用吸收剂价廉易得，吸收效率高，回收的产物石膏可用做建筑材料；而半水亚硫酸钙是一种钙塑材料，用途广泛。因此，此法成为目前脱硫应用最多的方法。该法存在的最主要问题是吸收系统容易结垢、堵塞。另外，由于石灰乳循环量大，使设备体积增大，费用较高。

（4）双碱法双碱法烟气脱硫工艺是为了克服"石灰石－石灰法"容易结垢的缺点而发展的。它先用碱金属盐类的水溶液吸收 SO₂，然后在另一石灰反应器中用石灰或石灰石将吸收 SO₂ 后的溶液再生。再生后的吸收液再循环使用，最终产物以亚硫酸钙和石膏形式析出。"钠－钙双碱法"［Na₂CO₃-Ca（OH）₂］采用纯碱吸收 SO₂，石灰还原再生，再生后吸收剂循环使用，无废水排放。其主要反应如下：吸收反应：

$$Na_2CO_3 + SO_2 = Na_2SO_3 + CO_2$$

$$2Na_2SO_3 + O_2 = 2Na_2SO_4$$

再生反应：

$$Ca(OH)_2 + Na_2SO_3 + \frac{1}{2}H_2O = 2NaOH + CaSO_3 \cdot \frac{1}{2}H_2O\downarrow$$

氧化反应：

$$2CaSO_3 \cdot H_2O + O_2 + 3H_2O = 2(CaSO_4 \cdot 2H_2O)$$

烟气经布袋除尘器除尘，再进入脱硫塔。烟气在导向板作用向上螺旋，并与脱硫液接触，将脱硫液雾化成直径 0.1~1.0mm 的液滴，形成良好的雾化吸收区。烟气与脱硫液中的碱性脱硫剂在雾化区内充分接触反应，完成烟气的脱硫吸收和进一步除尘。经脱硫后的烟气向上通过塔侧的出风口直接进入风机并由烟囱排放。脱硫液采用外循环吸收方式。吸收了 SO₂ 的脱硫液流入再生池，与新来的石灰水进行再生反应，反应后的浆液流入沉淀再生池沉淀。当一个沉淀再生池沉淀物集满时，浆液切换流入到另一个沉淀再生池，然后由人工清理这个再生池沉淀的沉渣。废渣晾干后外运处理。循环池内经再生和沉淀后的上液体由循环泵打入脱硫塔循环使用。

2. 干法

（1）活性炭吸附法在有氧及水蒸气存在的条件下，用活性炭吸附 SO_2。由于活性炭表面具有催化作用，使吸附的 SO_2 被烟气中的 O_2 氧化为 SO_3，SO_3 再和水蒸气反应生成硫酸。生成的硫酸可用水洗涤下来，或用加热的方法使其分解，生成浓度高的 SO_2，此 SO_2 可用来制酸。活性炭吸附法由于活性炭吸附容量有限，吸附剂要不断再生，因此其操作复杂。另外为保证吸附效率，烟气通过吸附装置的速度不宜过大，不适于大量烟气的处理；所得副产物硫酸浓度较低，需进行浓缩才能应用。

（2）催化氧化法在催化剂的作用下可将 SO_2 氧化为 SO_3 后进行净化。干式催化氧化法可用来处理硫酸尾气，此技术已发展成熟，成为制酸工业的一部分。但用此法处理电厂锅炉烟气及炼油尾气，在技术上、经济上还存在一些问题。

（三）含 NO_x 废气的治理

对含 NO_x 的废气可采用多种方法进行净化治理（主要是治理生产工艺尾气），主要有吸收法、吸附法、催化法等。

1. 吸收法

目前常用的吸收剂有碱液、稀硝酸溶液和浓硫酸等。常用的碱液有氢氧化钠、碳酸钠、氨水等。碱液吸收设备简单，操作容易，投资少，但吸收效率较低，特别是对 NO 吸收效果差，因此只能消除 NO_2 所形成的黄烟，达不到去除所有 NO_x 的目的。用稀硝酸吸收硝酸尾气中的 NO_x，不仅可以净化排气，而且可回收 NOX 用于制硝酸，但此法只能应用于硝酸的生产过程，其应用范围有限。

2. 吸附法

用吸附法吸附 NO_x 已有工业规模的生产装置，可以采用的吸附剂为活性炭、沸石分子筛等。活性炭对低浓度 NO_x 具有很高的吸附能力，并且经解吸后可回收浓度高的 NO_x。但由于温度高时活性炭容易燃烧，给吸附和再生造成困难，限制了该法的使用。丝光沸石是一种极性很强的吸附剂，当含 NO_x 废气通过时，废气中极性较强的 H_2O 分子和 NO_2 分子被选择性地吸附在表面上，并进行反应生成硝酸，放出 NO。新生成的 NO 和废气中原有的 NO 一起，与被吸附的 O_2 进行反应生成 NO_2，生成的 NO_2 再与 H_2O 反应，重复上一个反应步骤，使废气中的 NO_x 被除去。对被吸附的硝酸和 NO_x 可用蒸汽置换的方法将其脱附下来。脱附后的吸附剂经干燥、冷却后，可重新用于吸附操作。分子筛吸附法适于净化硝酸尾气，可将浓度为 $(1.5 \sim 3.0) \times 10^{-3}$ 的 NO_x 降低到 5×10^{-5} 以下；而回收的 NO_x 可生产 HNO_3，因此其是一个很有发展前景的方法。该法的主要缺点是吸收剂吸附容量较小，因而需要频繁再生。

3. 催化还原法

在催化剂的作用下，用还原剂将废气中的 NO_x 还原为 N_2 和 H_2O 的方法称为催化还原法。根据还原剂与废气中的 O_2 是否发生作用，催化还原法分为以下两类。

（1）非选择性催化还原在催化剂的作用下，还原剂不加选择地与废气中的NO_x和O_2同时发生反应，可用H_2和CH_4等作为还原剂气体。该法由于存在与O_2的反应过程，放热量大，因此在反应中必须使还原剂过量并严格控制废气中的氧含量。

（2）选择性催化还原在催化剂的作用下，还原剂只是选择性地与废气中的NO_x发生反应，而不与废气中的O_2发生反应。常用的还原剂气体为NH_3和H_2S等。催化还原法适用于硝酸尾气与燃烧烟气的治理，并可处理大气量的废气，其技术成熟、净化效率高，是治理NO_x废气的较好方法。由于反应中使用了催化剂，对气体中杂质含量要求严格，因此需对进气体作预处理。该法进行废气治理时，不能回收有用物质，但可回收热量。应用效果好的催化剂一般含有和铂等贵金属组分，其价格比较昂贵。除上述两种外，催化法还有催化分解和热炭层法等。

（四）有机废气及恶臭治理

有机废气是指含各种碳氢化合物的气体。这些碳氢化合物中很多具有毒性，同时又是导致环境中的恶臭污染物的主要原因。由于一些引起恶臭的物质阈值较低，在以消除恶臭为主要目的的净化中，要求更为严格。对有机废气的净化治理，常用的方法是吸收法、吸附法和燃烧法。

1. 吸收法

吸收法采用水溶液或有机溶剂进行吸收，适用于高浓度有机废气的治理，具有操作简单、投资少等优点。因而针对不同的有机污染物，选择吸收效率高、经济实用的吸收剂，是解决吸收法应用的关键。

2. 吸附法

吸附法是目前净化有机废气应用最普遍的方法。常用的吸附剂有活性炭、离子交换树脂等，其中应用最多的是活性炭。当用活性炭做吸附剂吸附到一定程度时，吸附达到饱和，这时要对活性炭进行再生。再生一般是采用通入蒸汽使吸附质脱附的方法，脱附气体经冷凝后回收。吸附过程方法简单，对低浓度废气净化效率高，并且对大多数有机物组分均具有较强的净化能力，因此应用广泛。但再生的吸附流程复杂、操作费用高、操作复杂。3. 燃烧法碳氢化合物大多是可燃的物质，因此可用燃烧的方法或加热分解的方法将其转化为CO_2和或H_2O而加以净化，并回收热量。其具体方法有以下三种：

（1）直接燃烧将废气中的有机物作为燃料烧掉，使废气净化。这种方法只适于高浓度有机废气的治理。

（2）热力燃烧在进行热力燃烧时，一般是用燃烧其他燃料的方法（如煤气、天然气、油等），把废气温度提高到热力燃烧所需的温度，使其中的气态污染物进行氧化，分解成CO_2、H_2O、N_2等。这种方法可净化有机物含量较低的废气，因此是治理有机废气的主要方法之一。

（3）催化燃烧催化燃烧时要求的反应温度低，又属于无焰燃烧，因此安全性好。在进行催化燃烧时，首先要把被处理的废气预热到催化剂的起燃温度。预热方法可以采用电加热或烟道气加热。预热到起燃温度的气体进入催化床层进行反应，反应后的高温气体可引出用来加热进口冷气体，以节约预热能量。

三、洁净燃烧技术（煤炭洁净燃烧技术）

洁净煤技术是指从煤炭开发到利用的全过程中旨在减少污染排放与提高利用率的加工、燃烧、转化及污染控制等新技术。传统意义上的洁净煤技术主要是指煤炭的净化技术及一些加工转换技术，即煤炭的洗选、配煤、型煤以及粉煤灰的综合利用技术。目前洁净煤技术是指高技术含量的洁净煤技术，其发展的主要方向是煤炭的气化、液化、煤炭高效燃烧与发电技术等，它是当前世界各国解决环境问题的主导技术之一，也是高新技术国际竞争的一个重要领域。当前我国洁净煤技术主要包括：选煤、型煤、水煤浆、超临界火力发电、先进的燃烧器、流化床燃烧、煤气化联合循环发电、烟道气净化、煤炭气化、煤炭液化、燃料电池等。上述技术可归纳为直接燃烧煤洁净技术和煤转化为洁净燃料技术。

（一）直接燃烧煤洁净技术

直接燃烧煤洁净技术是在直接烧煤的情况下需要采用的技术措施。

1. 燃烧前的净化加工技术

燃烧前的净化加工技术主要包括煤炭分选、型煤加工和水煤浆技术。原煤分选采用筛分、物理选煤、化学选煤和细菌脱硫方法，可以除去或减少灰分、矸石、硫等杂质；型煤加工是把散煤加工成型煤，煤成型时加入石灰固硫剂，可减少二氧化硫排放，减少烟尘，还可节煤；水煤浆是用优质低灰原煤制成代油燃料，燃烧效率高。

2. 燃烧中的净化燃烧技术

主要是流化床燃烧技术和先进燃烧器技术。流化床又叫沸腾床，有泡床和循环床两种，由于燃烧温度低，可减少氮氧化物排放量，煤中添加石灰可减少二氧化硫排放量；炉渣可以综合利用，而且能烧劣质煤。先进燃烧器技术是指改进锅炉、窑炉结构与燃烧技术，减少二氧化硫和氮氧化物的排放技术

3. 燃烧后的净化处理技术

燃烧后的净化处理技术主要是消烟除尘和脱硫脱氮技术。消烟除尘技术很多，静电除尘器、袋式除尘器效率最高，可达99%，电厂一般采用此技术。脱硫有干法和湿法两种，干法是用浆状石灰喷雾与烟气中二氧化硫反应，生成干燥颗粒硫酸钙，用集尘器收集；湿法是用石灰水淋洗烟尘，生成浆状亚硫酸钙排放。它们脱硫效率可达90%。

（二）煤转化为洁净燃料技术

煤转化为洁净燃料的技术主要有四种。

1. 煤的气化技术

煤的气化有常压气化和加压气化两种方法。它是在常压或加压条件下，保持一定温

度，通过气化剂（空气、氧气和蒸汽）与煤炭反应生成煤气，煤气的主要成分是一氧化碳、氢气、甲烷等可燃气体。用空气和蒸汽做气化剂，煤气热值低；用氧气做气化剂，煤气热值高。煤在气化中可脱硫除氮，排去灰渣，因此煤气就变成洁净燃料。

2. 煤的液化技术

煤的液化有间接液化和直接液化两种方法。间接液化是先将煤气化，然后再把煤气液化，如煤制甲醇，可替代汽油。此技术我国已有应用。直接液化是把煤直接转化成液体燃料，如直接加氢将煤转化成液体燃料，或煤炭与渣油混合成油煤浆反应生成液体燃料。

3. 煤气化联合循环发电技术

这种技术先把煤制成煤气，再用燃气轮机发电，排出高温废气烧锅炉，再用蒸汽轮机发电，整个发电效率可达45%。此技术我国正在开发研究中。

4. 燃煤磁流体发电技术

当燃煤得到的高温等离子气体高速切割强磁场，就直接产生直流电，然后把直流电转换成交流电。发电效率可达50%～60%。我国正在开发研究这种技术。

四、发展低碳经济与低碳技术

（一）低碳经济

所谓低碳经济，是指在可持续发展理念指导下，通过技术创新、制度创新、产业转型、新能源开发等多种手段，尽可能地减少煤炭、石油等高碳能源消耗，减少温室气体排放，达到经济社会发展与生态环境保护双赢的一种经济发展形态。"低碳经济"是以低能耗、低污染为基础的经济。在全球气候变化的背景下，"低碳经济""低碳技术"日益受到世界各国的关注。

（二）低碳经济提出的背景

随着全球人口数量的上升和经济规模的不断增长，化石能源、生物能源等常规能源的使用造成的环境问题及其后果不断地为人们所认识。近年来，废气污染、光化学烟雾、水污染和酸雨等的危害，以及大气中二氧化碳浓度升高带来导致的全球气候变化，已被认为是人类破坏自然环境、不健康的生产生活方式所致。在此背景下，"碳足迹""低碳经济""低碳技术""低碳发展""低碳生活方式""低碳社会""低碳城市""低碳世界"等一系列新概念、新政策应运而生。

（三）低碳技术

低碳技术是指涉及电力、交通、建筑、冶金、化工、石化等部门，以及在可再生能源及新能源，煤的清洁高效利用、油气资源和煤层气的勘探开发、二氧化碳的捕集和地质埋存等领域开发的有效控制温室气体排放的新技术。低碳技术分为三个类型。

1. 减碳技术

减碳技术是指高能耗、高排放领域的节能减排技术，其主要包括煤的清洁高效利用、油气资源和煤层气的勘探开发技术等。

2. 无碳技术

无碳技术是指核能、太阳能、风能、生物质能等可再生能源技术。

3. 去碳技术

典型的去碳技术是二氧化碳捕集与埋存（CCS）。

（四）低碳的发展趋势

世界主要发达国家近年来都在致力于新能源技术和清洁能源技术的开发利用，以期抢占低碳经济发展的制高点。

第六节　温室效应、酸雨和臭氧层破坏及其防治对策

随着世界人口的快速增长、经济的发展，资源和能源的消耗也在不断地增加。人类生活和生产过程排放出的各种化学物质，给自然净化作用造成了巨大负担。这不仅使区域性环境问题的范围明显地扩大，而且由于氟利昂、二氧化碳、酸性物质等大量排放到大气中，导致了气温变暖、臭氧层破坏及酸沉降等全球性大气环境问题。这些问题由于其影响面大，引起了全世界的关注。

一、温室效应的表现及防治对策

（一）温室效应与温室气体

1. 温室效应

温室效应，又称"花房效应"，是大气保温效应的俗称。大气能使太阳短波辐射到达地面，但地表向外放出的长波热辐射却被大气吸收，导致地表与低层大气温度增高，因其作用类似于栽培农作物的温室，故名温室效应。地球大气有类似玻璃温室的温室效应，其作用的加剧是当今全球变暖的主导因素。自工业革命以来，人类向大气中排放的二氧化碳等吸热性强的气体逐年增加，大气的温室效应也随之增强。

2. 温室气体

地球的大气层中重要的温室气体包括下列数种：水蒸气（H_2O）、臭氧（O_3）、二

氧化碳（CO_2）、氧化亚氮（N_2O）、甲烷（CH_4）、氢氟氯碳化物类（CFCs，HFCs，HCFCs）、全氟碳化物（PFCs）及六氟化硫（SF_6）等。《京都议定书》针对六种温室气体进行削减，包括上述所提及的二氧化碳（CO_2）、甲烷（CH_4）、氧化亚氮（N_2O），氢氟碳化物（HFCs）、全氟碳化物（PFCs）及六氟化硫（SF_6）。其中后三类气体造成温室效应的能力最强，但对全球升温的贡献百分比来说，由于二氧化碳（CO_2）含量较多，所占的比例也最大，约为55%。因此，CO_2成为温室气体的代名词。

3. 温室气体浓度变化与地球变暖趋势

引起全球气温变化的因素是多方面的，可分为自然因素和人为因素。自然因素包括太阳活动、陆地形态变化（如火山爆发）、地表反照率变化（如冰雪层、沙漠地、植被覆盖区和水面等）；人为因素指人类社会活动对气候的影响，如城市化、森林砍伐、过度放牧、土地不合理利用，以及由于工业化引起的大气中CO_2和其他微量气体浓度的变化等。气体变化本身又可分为长期气候变化和短期气候变化。自然因素在短期内的变化是不显著的，而人为因素如CO_2和其他微量气体浓度的持续增加，会对短期气候变化尤其是区域性气候变化带来较显著的影响。大气中CO_2浓度急剧增加的原因主要有两个：首先，随着工业化的发展和人口剧增，人类消耗的化石燃料迅速增加，燃烧产生的CO_2释放进入大气层，使大气中CO_2浓度增加。其次，全球森林的毁坏，一方面使森林吸收的CO_2大量减少；另一方面烧毁森林时又释放大量的CO_2，使大气中CO_2含量增多。总之，由于温室气体浓度在不断增加，导致全球气候逐渐变暖。许多科学家认为，温室气体的大量排放是近百年来全球变暖的原因之一。用最先进的气候全循环模型进行的试验证明，大气中CO_2浓度增加1倍，地球表面平均气温升高1.5～4.5℃。

（二）温室效应对人类的影响

全球气温变暖对人类生活产生影响，这种影响究竟有多大还有待进一步研究。根据目前的研究成果，全球气温变暖对人类生活产生的影响主要有以下几点：

1. 沿海地区的海岸线变化

有两种过程会导致海平面升高。第一种是海水受热膨胀引起水平面上升；第二种是冰川和格陵兰及南极洲上的冰块融化使海洋水分增加。全球气温变暖使海水平面上升的原因是随着气温升高，海水温度也随之升高，海水将会由于升温而膨胀，导致海水平面升高。据估计，在综合考虑海水膨胀，南极、北极和高山冰雪融化等因素的前提下，海平面将上升20～165cm。海平面上升主要使沿海地区受到威胁。全球第一个被海水淹没的有人居住岛屿是巴布亚新几内亚的岛屿卡特瑞岛。沿海低地也有被淹没的危险，如"水城"威尼斯、"低地之国"荷兰等。海拔稍高的沿海地区的海滩和海岸也会遭受侵蚀，需耗费巨资修建海岸维护工程。另外，海平面上升还会引起海水倒灌、洪水排泄不畅、土地盐渍化等后果。

2. 气候带移动

气候带移动包括温度带的移动和降水带的移动。全球变暖会引起温度带的北移。一般说来，在北纬 20° ～ 80° 之间，每隔 10 个纬度温度相差 7℃，因此按照全球平均增暖 3.5℃ 计算，温度带平均北移 5 个纬度。但不同纬度地区增暖幅度是不一样的：低纬地区增暖幅度小，温度带移动幅度也小；中纬度地区增暖幅度大，温度带北移也较大。温度带移动会使大气运动发生相应的变化，全球降水也发生变化。一般说来，低纬度地区现有雨带的降水量会增加，高纬度地区冬季降雪量也会增多，而中纬度地区夏季降水将会减少。气候带的移动会引起一系列的环境变化。对于大多数干旱、半干旱地区，降水的增多可以获得更多的水资源。但是，对于低纬度热带多雨地区，则面临着洪涝灾害的威胁。而对于降水减少的地区，如北美洲中部、我国西北内陆地区等，则会因为夏季雨量的减少，变得更加干旱，造成供水紧张，严重威胁这些地区的工农业生产和人们的日常生活。

3. 地球上史前病毒

温室效应可使史前致命病毒威胁人类。美国科学家发出警告，由于全球气温上升引起北极冰层融化，被冰封十几万年的史前致命病毒可能会重见天日，导致全球陷入疫症危机，人类生命受到严重威胁。纽约锡拉丘兹大学的科学家在《科学家杂志》中指出，早前他们发现一种植物病毒 TOMV，由于该病毒在大气中广泛扩散，推断在北极冰层也有其踪迹。于是研究员从格陵兰抽取 4 块年龄由 500 ～ 14 万年的冰块，结果在冰层中发现 TOMV 病毒。研究员指出该病毒表层被坚固的蛋白质包围，因此可在逆境中生存。这项新发现令研究人员相信，一系列的流行性感冒、小儿麻痹症和天花等病毒可能藏在冰块深处，目前人类对这些原始病毒缺乏抵抗能力。当全球气温上升冰层融化时，这些埋藏在冰层几千年或更长时间的病毒便可能会复活，形成疫症。科学家表示，虽然他们不知道这些病毒的生存的可能性，或者其再次适应地面环境的能力，但不能排除病毒卷土重来的可能性。

（四）制温室效应的对策

全球气温变暖问题在两个方面区别于其他全球环境问题：1. 全球变暖问题主要是由 CO_2 引起的，而 CO_2 是由消费能源产生的，其与人们的生产和生活有着密切的关系，人类很难控制；2. 全球变暖问题具有很大的不确定性。对于温室效应气体的排放源、吸收源、物质循环机制等尚未彻底搞清楚，比其他全球环境问题更多。因而其解决方法也与其他环境问题有所不同。控制气温变暖、减少温室气体排放的基本对策主要有以下几点：

1. 调整能源战略

当今世界各国一次能源消费结构均以化石燃料为主，全球化石燃料消费量占一次能源消费总量的 87% 左右，燃烧化石燃料每年排入大气中的 CO_2 多达 50 亿 t。调整能源战略可以从提高现有能源利用率，以及向清洁能源转化等方面着手。提高现有能源利用率，减少 CO_2 排放可以采取以下几方面措施：

（1）采用高效能转化设备；（2）采用低耗能工艺；（3）改进运输，降低油耗，改善汽车燃料状况，减少机动车尾气排放；（4）研发新型节能家用电器；（5）改进建筑保温；（6）利用废热、余热集中供暖；（7）加强废旧物资回收利用；（8）鼓励使用太阳能，开发替代能源。能源消耗转化是指从使用含碳量高的燃料（如煤炭）转向含碳量低的燃料（如天然气），或转向不含碳的能源（如太阳能、风能、核能、地热能、水能、海洋能等）。这些选择将使人们由减少 CO_2 排放向着低碳经济、低碳生活的方向迈进。

2. 保护森林对策

全世界每年约有 1200 万公顷的森林消失（其中大多数是对全球生态平衡至关重要的热带雨林），造成每年从空气中少吸收 4 亿 tCO_2。森林可以净化大气，调节气候，吸收 CO_2。因此，为抑制 CO_2 排放量，应在保护现有森林的基础上大面积植树造林。

3. 全面禁用氟氯碳化物

目前，全球各国正在朝此方向努力。倘若努力能够实现，根据估计，到 2050 年可以对温室效应发挥 3% 左右的抑制效果。

4. 提高环境意识，促进全球合作

缺乏环境意识是环境灾害发生的重要原因。为此，各国应通过各种渠道和宣传工具，进行危机感、紧迫感和责任感的教育，使越来越多的人认识到温室灾害的危害，人类应对自身和全球负责，建立长远规划，防止气候恶化。

二、酸雨及防治对策

（一）酸雨的形成

降水的酸度是由降水中酸性和碱性化学物质间的化学平衡决定的。大气中可能形成酸的物质是：含硫化合物：SO_2、SO_3、H_2S、$(CH_3)_2S$、$(CH_3)_2S_2$、COS、CS_2、CH_3SH、硫酸盐和 H_2SO_4；含氮化合物：NO、NO_2、N_2O、硝酸盐、HNO_3 以及氯化物和 HCl 等。这些物质有可能在降水过程中进入降水，使其呈酸性。学界普遍认为主要的成酸基质是 SO_2 和 NO_x，其形成的酸占酸雨中的总酸量因地而异。国外酸雨中硫酸与硝酸之比为 2：1；我国酸雨以硫酸为主，硝酸含量不足 10%。

1. 天然排放的含硫化合物与含氮化合物

含硫化合物与含氮化合物的天然排放源可分为非生物源和生物源。非生物源排放包括海浪溅沫、地热排放气体与颗粒物、火山喷发等。海浪溅沫的微滴以气溶胶形式悬浮在大气中，海洋中硫的气态化合物，如 H_2S、SO_2、$(CH_3)_2S$ 在大气中氧化，形成硫酸。火山活动也是主要的天然硫排放源，据估计，内陆火山爆发排放到大气中的硫约为 3000kt/a。生物源排放主要来自有机物腐败、细菌分解有机物的过程，以排放 H_2S、DMS（二甲基硫）、COS（羰基硫）为主，它们可以氧化为 SO_2 并进入大气。全球天然源硫排放量估计为 5000kt/a。全球天然源氮排放量，主要由于闪电造成的 NO，其排放量较难准确估算。

2. 人为排放的硫化合物与氮化合物

大气中大部分硫和氮的化合物是由人为活动产生的，而化石燃料燃烧造成的 SO_2 与 NO_x 排放，是产生酸雨的根本原因。这已从欧洲、北美历年排放 SO_2 与 NO_x 的递增量与出现酸雨的频率及降水酸度上升趋势得到证明。由于燃烧化石燃料及施用农田化肥，全球每年有 0.7 亿 ~ 0.8 亿 t 氮进入自然，同时向大气排放约 1 亿 t 硫。这些污染物主要来自占全球面积不到 5% 的工业化地区 —— 欧洲、北美东部、日本及中国部分区域。上述区域人为排放硫量超过天然排放量的 5 ~ 12 倍。进入 21 世纪以来 SO_2 排放的上升趋势有所减缓，主要是因为人类减少了对化石燃料的依赖，更广泛地采用了低硫燃料以及安装污染控制装置（如烟气脱硫装置）。

3. 酸雨形成过程

人为源和天然源排放的硫化合物和氮化合物进入大气后，经历扩散、转化、运移以及被雨水吸收、冲刷、清除等过程。气态的 SO_2、NO_x 在大气中可以氧化成不易挥发的硝酸和硫酸，并溶于云滴或雨滴而成为降水成分。它们的转化速率受气温、辐射、相对湿度以及大气成分等因素的影响。

（1）SO_2 氧化途径在清洁干燥的大气中，SO_2 氧化为 SO_3 的速度是很慢的。但由于 SO_2 往往与尘埃、烟雾等同时排放，而且接触氧化作用是 SO_2 转化的主要途径，SO_2 在尘埃上以 Mn、Fe 等金属作为催化剂，经放热氧化为 SO_3 后，又与水结合生成 H_2SO_4，其反应式如下：

$$SO_2 + O_2 \xrightarrow{\text{催化剂}} SO_3$$

$$SO_3 + H_2O \rightarrow H_2SO_4$$

总反应方程式如下：SO_2 在大气中也会通过光化学氧化而转变为 SO_3，继而生成 H_2SO_4。如果含有 SO_2 的大气还含有氮氧化物和碳氢化合物，在阳光照射下，SO_2 的光氧化速率会明显加快。

（2）NOX 氧化途径造成大气污染的氮化合物通常指 NO 和 NO_2。NO 的氧化有以下两条途径：其中以第一条途径为主，即 NO 氧化成 NO_2。反应式为：

$$NO + O_3 \rightarrow NO_2 + O_2$$

这个反应进行得很迅速，当 NO 和 O_3 浓度均为 0.1×10^{-6} 时，全部氧化仅需 20s。NO 也可被大气中的自由基氧化成 NO_2。第二条途径是 NO 氧化成 HONO（亚硝酸）和 HNO_3。其反应式为：

$$NO + OH \cdot f \ HONO$$

$$NO + HO_2 \cdot \rightarrow HNO_3$$

NO_2 的氧化也有两条途径：第一条途径是 NO_2 转化成 HNO_3。大气中的 NO_2 与氢氧自由基作用，可转化为 $HONO_2$：

$$NO_2 + OH \cdot + M \rightarrow HONO_2 + M$$

此外，也可通过以下反应生成 $HONO_3$：

$$NO_2 + O_3 \rightarrow NO_3 + O_2$$

$$NO_3 + NO_2 + M \rightarrow N_2O_5 + M$$

$$N_2O_5 + H_2O \rightarrow 2HONO_2$$

第二条途径是 NO_2 转化为过氧化乙酰基硝酸酯和过氧硝酸（HO_2NO_2），转化过程比较复杂。其中过氧化乙酰基硝酸酯（PAN）为重要的二次污染物，是光化学烟雾的主要成分。它在大气中比 HO_2NO_2 稳定一些，在 NO_2 的转化过程中起重要作用。氮化合物在大气中经过一系列化学变化，最终产生硝酸或硝酸盐，成为干沉降或随降水降落。

（二）酸雨的危害

酸雨在国外被称为"空中死神"，其危害主要表现在以下四个方面：

1. 酸雨对水生生态系统的危害

酸雨会使湖泊水体变成酸性，导致水生生物死亡。酸雨危害水生生态系统，一方面是通过湖水 pH 值降低导致鱼类死亡，另一方面是酸雨浸渍了土壤，侵蚀了矿物，使铝元素和其他重金属元素沿着基岩裂缝流入附近水体，影响水生生物生长或致其死亡。当水中铝含量达到 0.2mg/L 时，就会杀死鱼类。同时对浮游植物和其他水生植物起营养作用的磷酸盐，由于其附着在铝上，难于被生物吸收，其营养价值就会降低，并使赖以生存的水生生物的初级生产力降低。另外，瑞典、加拿大和美国等一些研究显示，在酸性水域，鱼体内汞浓度增高。若这些含有高浓度的汞的水生生物进入人体，势必会对人类健康造成危害。

2. 酸雨对陆地生态系统的影响

近年来，人们发现森林死亡与酸雨有一定关系。酸雨对森林的危害可分为四个阶段。第一阶段，酸雨增加了硫和氮，使树木生长呈现受益倾向。第二阶段，长年酸雨使土壤中和能力下降，以及 K、Na、Mg、Al 等元素淋溶，使土壤贫瘠。第三阶段，土壤中的铝和重金属元素被活化，对树木生长产生毒害，当根部的 Ca/Al 比率小于 0.15 时，所溶出的铝具有毒性，抑制树木生长；而且酸性条件有利于病虫害的扩散，危害树木，这时生态系统已失去恢复力。第四阶段，如树木遇到持续干旱等诱发因素，土壤酸化程度加剧，就会引起根系严重枯萎，导致树木死亡。

3. 酸雨对各种材料的影响

酸雨加速了许多用于建筑结构、桥梁、水坝、工业装备、供水管网、地下储罐、水轮发电机、动力和通信电缆等材料的腐蚀。酸雨严重损害古迹。如我国故宫的汉白玉雕刻、雅典巴特农神殿和罗马的图拉真凯旋柱等，近年来受到酸性沉积物的侵蚀。酸雨对建筑的危害的主要反应式是：

$$CaCO_3 + H_2O \xrightarrow{SO_2} CaSO_3 \cdot H_2O + CO_2 \uparrow + H_2O \xrightarrow{\frac{1}{2}O_2} CaSO_4 \cdot 2H_2O$$

$$CaCO_3 + SO_4^{2-} + 2H^+ + H_2O \rightarrow CaSO_4 \cdot 2H_2O + CO_2 \uparrow$$

$$CaCO_3 + 2NO_3^- + 2H^+ \rightarrow Ca(NO_3)_2 + CO_2 \uparrow + H_2O$$

溶解下来的 $CaSO_4$ 部分侵入颗粒间缝隙，大部分被雨水带走或以结壳形式沉积于大理石表面并逐渐脱落，从而使建筑物受到破坏。酸雨腐蚀金属材料的过程，对于活泼金属（如铁）是置换反应，对于不活泼金属（如铜、钢），则是电化学过程：

$$O + H_2O + 2e \rightarrow 2OH^- (阴极反应)$$

$$M \rightarrow M^{2+} + 2e (阳极反应)$$

被腐蚀的金属生成难溶的氧化物，或生成离子被雨水带走。

4. 酸雨对人体健康的影响

酸雨对人体健康产生间接的影响。酸雨使地面水变成酸性，地下水中金属量也增高，水中金属含量增高，饮用这种水或食用酸性河水中的鱼类会对人体健康产生危害：一是通过食物链使汞、铅等重金属进入人体，诱发癌症和阿尔茨海默病；二是酸雾侵入肺部，诱发肺水肿或导致死亡；三是长期生活在含酸沉降物的环境中，诱使产生过多的氧化脂，导致动脉硬化、心肌梗死等疾病的概率增加。

（四）酸雨的防治对策

减少酸雨主要是要减少燃煤排放的二氧化硫和汽车排放的氮氧化物。防治酸雨的一般措施主要有以下几种。

1. 对原煤进行分选加工，减少煤炭中的硫含量

减少 SO_2 污染主要的方法是使用含硫低的燃料。煤炭中硫含量一般为其质量的 $0.2\% \sim 5.5\%$。我国相关部门规定，对新建硫分大于 1.5% 的煤矿要求配套建设煤炭洗选设施。对现有硫分大于 2%、无机硫含量占总硫分大于 50% 的煤矿，应配套建设煤炭洗选设备。原煤经过分选之后，SO_2 排放量可减少 $30\% \sim 50\%$，灰分去除约 20%。

2. 改进燃烧技术，减少燃烧过程中 SO_2 和 NO_x 的产生量

改进燃烧方式也可以达到控制 SO_2 和 NO_x 排放的目的。使用低 NO_x 的燃烧器改进锅炉，可以减少氮氧化物排放。流化床燃烧技术已得到应用。新型的流化床锅炉有极高的燃烧效率，几乎达到 99%，而且能去除 80% ~ 95% 的 SO_2 和 NO_x，还能去除相当数量的重金属。这种技术是通过向燃烧床喷射石灰或石灰石完成脱硫脱氮的。

3. 烟道气脱硫、脱氮

在烟道气排出烟囱前，喷以石灰或石灰石，其中的碳酸钙与 SO_2 反应，生成 $CaSO_3$；然后由空气氧化为 $CaSO_4$，大大降低了烟气中的 SO_2。

4. 改进汽车发动机技术，安装尾气净化装置，减少氮氧化物的排放

目前汽油机采用的排放控制技术主要是三元催化器，其不仅能控制氮氧化物，同时也能减少碳氢化合物和一氧化碳的排放。柴油机由于过量空气系数较大，一般采用废气再循环和选择还原技术控制氮氧化物排放。

5. 优先开发和使用各种低硫燃料

低硫燃料包括天然气、液化石油气、氢气、醇类燃料、二甲醚、燃料乙醇、生物柴油、核燃料等。这些清洁燃料的使用可大大减少 SO_2 和 NO_x 的排放。各国根据自己的具体情况，制定了适合本国国情的酸雨控制措施。我国针对出现的酸雨问题，采取了以下对策：一是降低煤炭中的含硫量，二是减少 SO_2 的排放。我国洗煤能力应当优先安排洗选高硫煤，回收精硫矿。对于无法分选的有机硫，可在煤炭燃烧过程中采用回收技术，制取硫酸。在生产和生活用煤中，采用热电联产，集中供热，实行燃煤气化。厂矿企业燃煤设施，应装有消除烟尘和脱硫设备。

三、臭氧层破坏及防治对策

臭氧层破坏是当前人们普遍关注的全球性大气环境问题，因为它同样直接关系到生物圈的安危与人类的生存，需要全世界共同采取行动。

（一）臭氧层与臭氧空洞

1. 臭氧层

臭氧（O_3）是氧的同素异形体，在大气中含量很少，但其浓度变化会对人类健康和生物圈以及气候带来很大的影响。臭氧存在于距地面 10km 高度的地球大气层中，其浓度随海拔高度而异。在平流层距离地面 20 ~ 25km）最高，但一般不超过 5×10^{13} 分子 $/cm^3$。平流层中的臭氧吸收太阳放射出的大量对人类、动物及植物有害的紫外线辐射（240 ~ 329nm，称为 UV-B 波长），为地球提供了一个防止紫外线辐射的屏障。但另一方面，臭氧遍布整个对流层，却起着温室气体的不利作用，约有 50 多个化学反应参与臭氧平衡。大气臭氧是由氧原子和氧分子结合产生的，其反应式如下：

$$O \cdot + O_2 + M \rightarrow O_3 + M$$

式中，M 是用来携带走在化合反应中释放出的能量的第三种物质。在大约 20Km 高度上氧原子几乎都是由于短波紫外线辐射，使 O_2 分子光解而产生的。在较低的高度，特别是在大气对流层内，氧原子主要是由于长波紫外线辐射，使 NO_2 光解而产生。

$$NO_2 + h_\nu \rightarrow NO \cdot + O \cdot$$

而臭氧自身通过紫外线和可见光照射后，也会发生光解。

$$O_3 + h\nu \rightarrow O_2 + O$$

平流层中的臭氧损耗，主要是通过动态迁移转到对流层，在那里得到大部分具有活性催化作用的基质和载体分子，从而发生化学反应而被消耗掉。臭氧主要是与 HO_X、NO_X、ClO_X 和 BrO_X 中含有的活泼自由基发生同族气相反应。反应如下：

$$X + O_3 \rightarrow XO + O_2$$

$$X + O \cdot \rightarrow X + O_2$$

净反应

$$O \cdot + O_3 \rightarrow O_2 + O_2$$

式中，催化剂 X 为 H·、OH·、NO·、Cl· 或 Br·。从上式可以看出，如果含氟氯烃或其他卤代化合物在空气中含量增多，由于其在太阳辐射下可分解成活性卤原子，从而会影响到臭氧在大气层中的分布。研究者已经观察到，在平流层中臭氧含量减少，而在对流层中的含量有所增加。由于约有 90% 的臭氧在平流层，所以其总量是在下降。

2. 臭氧空洞

20 世纪 80 年代，英国科学家首次发现南极上空出现了臭氧空洞。经过多年的连续观测，科学家发现，臭氧洞通常在春天出现，每年从 9 月开始出现臭氧减少，到 11 月中旬消失。南极臭氧减少的现象被发现以来，臭氧空洞有加剧的趋势。目前，不仅在南极，而且在北半球也出现了臭氧减少的现象。大气层中的臭氧正在日益减少，人们需要积极行动起来，拯救臭氧层。

（二）臭氧层破坏的原因

对于臭氧层破坏的原因，科学家有多种观点。但大多数科学家认为，人类过多使用氯氟烃（CFCs）类物质是臭氧层破坏的一个主要原因。CFCs 的形式决定了它们对臭氧层的危害程度。含 H 的 CFCs 比不含 H 的降解得快，对平流层臭氧威胁较小；而像 $C_2H_4F_2$（CFC_{152a}）类不含氯溴的 CFCs 则对平流层臭氧威胁更小，甚至不构成威胁。在平流层内存在着 O、O_2 和 O_3 的平衡。而 O_3 与氮氧化物、氯、溴及其他各种活性基团的作用会破坏这种化学平衡。其他人造化学物质也会对臭氧层构成大的威胁,如哈龙(Halon 的音译)是一种灭火器里的化学物质,虽然其产量相对较少,但含有溴,因而是破坏臭氧的物质。而且,哈龙在大气中的寿命也很长。

(三)臭氧层破坏对人类以及生物的影响

由于臭氧层被破坏,照射到地面的紫外线B段辐射(UV-B)将增强,预计UV-B辐照水平的增加不仅会影响人类,而且对植物、野生生物和水生生物也会产生影响。

1. 对人类健康的影响

臭氧层被破坏后,人们直接暴露于UV-B辐射中的机会增加了,这危及人类的健康。其危害主要体现在:

(1)UV-B辐射会损坏人的免疫系统,使患呼吸道系统等传染病的人增多;

(2)受过多的UV-B辐射,增加皮肤癌和白内障的发病率;3.紫外线照射还会使皮肤过早老化等。

2. 对植物的影响

科研人员曾对200多个品种的植物进行了增加紫外线照射的实验。其中2/3的植物显示出敏感性。实验中约有90%的植物是农作物品种,其中豌豆等豆类、南瓜等瓜类以及白菜科等农作物对紫外线特别敏感。紫外辐射使植物叶片变小,因而减少了捕获阳光进行光合作用的有效面积。有时植物的种子质量也受到影响,各种植物对紫外辐射的反应不同、对大豆的研究表明,紫外辐射会使其更易受杂草和病虫害的损害。对花卉的实验表明,受紫外线照射后有些花卉在几天之内就枯萎。例如,茶花受紫外线照射2天后,叶脉呈紫红色,叶片微卷;4天后继续卷缩,停止开花,花冠易脱落,出现萎蔫现象;6天后,萎蔫严重,显枯萎状态;8天后枯萎。

3. 对水生系统的影响

UV-B的增加,对水生系统也有潜在的危险。水生植物大多数贴近水面生长,这些处于水生食物链最底部的小型浮游植物最易受到平流层臭氧损耗的影响,而危及其整个生态系统。研究表明,UV-B辐射的增加会直接导致浮游植物、浮游动物、幼体鱼类、幼体虾、幼体螃蟹以及其他水生食物链中重要生物被破坏。

4. 对其他方面的影响

许多研究表明UV-B的增加会使一些市区的烟雾加剧;臭氧损耗会使塑料老化、油漆褪色、玻璃变黄、车顶脆裂。

(四)保护臭氧层对策

研究表明氯氟烃类物质对臭氧层的破坏最大,因此应尽快停止使用CFCs。CFCs主要用于气溶胶喷雾剂、制冷剂、发泡剂和溶剂等。当今世界,从冷冻机、冰箱、汽车到硬质薄膜、软垫家具,以及从计算机芯片到灭火器,都离不开CFCs。CFCs的排放可通过以下三种方法加以控制。

1. 提高利用效率，降低操作损失降低

CFCs 排放量最简单的方法是改进设备，以减少因操作问题引发的泄露而污染大气。例如，重新设计设备以减少接头的数目，加强密封与阀门，以及采取类似的措施，防止 CFCs 泄漏。

2. 回收与再循环

这是降低 CFCs 排放量的最主要的方法，尤其是在大型集中化操作中使用更为经济。用于制造柔性泡沫的 CFC_{11}，大部分是在生产过程中挥发而损失的，通过炭过滤器可以回收 50%。对用于制造固体泡沫的 CFC_{12}，采用类似技术也可减少一半排放量。

3. 改进 CFCs 产品，寻找 CFCs 的替代品

以前冰箱和冷藏箱外壳所用的泡沫塑料隔热层是用 CFC_{11} 制成的，目前已有几类高级隔热材料可作为替代品，如环戊烷；含有细粉末的抽空板条组成的隔热材料；用二氧化硅凝胶做成的真空板材。对于非隔热性泡沫塑料的生产，通过回收利用发泡剂，用二氯甲烷和甲基氯仿作为发泡剂，或改进配方而加入新的多元醇和软化剂等，都可以减少或完全去除 CFC_{11} 的需用量。改进配方还可用甲酸和甲酸铵的混合物配水作为鼓泡剂，以减少原来鼓泡剂 CFC_{11} 的用量。R600a 制冷剂已经成为主流替代品。广泛用作溶剂的 CFC_{113} 可用 MC-310B 替代，且价格便宜。

第七章 土壤环境监测与保护

第一节 概 述

一、土壤的组成

土壤是指陆地地表具有肥力并能生长植物的疏松表层。土壤介于大气圈、岩石圈、水圈和生物圈之间，是环境的组成部分。地球的表面是岩石圈，表层的岩石经过风化作用，逐渐破坏成疏松的、大小不等的矿物颗粒，称为母质。土壤是在母质、生物、气候、地形和时间等多种成土因素的综合作用下形成的。土壤由矿物质、有机质、生物、水和空气等组成。

（一）土壤矿物质

土壤矿物质是组成土壤的基本物质，约占土壤固体部分总质量的90%，有土壤骨骼之称。土壤矿物质的组成和性质直接影响土壤的物理性质和化学性质。土壤矿物质元素的相对含量与地球表面岩石圈相似。土壤是由不同粒级的土壤颗粒组成的。土壤粒径的大小影响着土壤对污染物的吸附和解吸能力。例如，大多数农药在黏土中累积量大于砂土，而且在黏土中结合紧密不易解吸。

（二）土壤有机质

土壤有机质也是土壤形成的重要基础，它与土壤矿物质共同构成土壤的固相部分。土壤有机质绝大部分集中于土壤表层。在表层（0～15 cm 或 1～20 cm），土壤有机质一般只占土壤干质量的 0.5%～3%。土壤有机质是土壤中含碳有机化合物的总称，由进入土壤的植物、动物、生物残骸以及施入土壤的有机肥料经分解转化逐渐形成，通常分为非腐殖物质和腐殖物质两类。非腐殖物质包括糖类化合物（如淀粉、纤维素等）、含氮有机化合物及有机磷和有机硫化合物，一般占土壤有机质总量的 10%～15%。腐殖物质指植物残体中稳定性较强的木质素及其类似物在微生物作用下部分被氧化形成的一类特殊的高分子聚合物，具有芳香族结构，含有多种功能团，如羧基、羟基、甲氧基及氨基等，具有表面吸附、离子交换、络合、缓冲、氧化还原作用及生理活性等性能。

（三）土壤生物

土壤生物是土壤有机质的重要来源，对进入土壤的有机污染物的降解及无机污染物如重金属的形态转化起着主导作用，是土壤净化功能的主要贡献者，包括微生物（细菌、真菌、放线菌、藻类等）及动物（原生动物、蚯蚓、线虫类等）。

（四）土壤水和空气

土壤水是土壤中各种形态水分的总称，是土壤的重要组成部分，它对土壤中物质的转化过程和土壤形成过程起着决定性作用。土壤水实际是含有复杂溶质的稀溶液，因此通常将土壤水及其所含溶质称为土壤溶液。土壤溶液是植物生长所需水分和养分的主要供给源。

土壤空气是存在于土壤中的气体的总称，是土壤的重要组成部分。土壤空气组成与土壤本身特性相关，也与季节、土壤水分、土壤深度条件相关。如在排水良好的土壤中，土壤空气主要来源于大气，其组分与大气基本相同，以氮、氧和二氧化碳为主；而在排水不良的土壤中氧含量下降，二氧化碳含量升高。

二、土壤背景值

土壤背景值又称土壤本底值，代表一定环境单元中的一个统计量的特征值。背景值指在各区域正常地理条件和地球化学条件下，元素在各类自然体（岩石、风化产物、土壤、沉积物、天然水、近地大气等）中的正常含量。背景值这一概念最早是地质学家在应用地球化学探矿过程中提出的。在环境科学中，土壤背景值是指在区域内很少受到人类活动影响和未受或未明显受现代工业污染与破坏的情况下，土壤固有的化学组成和元素含量水平。在环境科学中，土壤背景值是评价土壤污染的基础，同时也可作为污染途径追踪的依据。

三、土壤污染

土壤污染是指生物性污染物或有毒有害化学性污染物进入土壤后，引起土壤正常结构、组成和功能发生变化，超过了土壤对污染物的净化能力，直接或间接引起不良后果的现象。

（一）土壤污染的来源与种类

土壤中污染物的来源有两类：一类是自然污染源，主要是自然矿床风化、火山灰、地震等；另外一类是人为污染源，主要包括固体废弃物（城市垃圾、工业废渣、污泥、尾矿等）、施肥、农药喷施、污水灌溉、大气沉降等。

土壤中污染物的种类包括无机污染物和有机污染物。无机污染物包括重金属（汞Hg、镉Cd、铅Pb、铬Cr、镍Ni、铜Cu，锌Zn）、非金属（砷As、硒Se）；有机污染物包括有机农药、酚类、氰化物、石油、苯并芘、有机洗涤剂。

（二）土壤污染的特性

"三废"物质、化学物质、农药、微生物等进入土壤并不断累积，会引起土壤的组成、结构和功能发生改变，从而影响植物的正常生长和发育，使农产品的产量与质量下降，最终影响人体健康。

1. 隐蔽性和滞后性

土壤污染从产生污染到出现问题，通常会有一段很长的逐步积累的隐蔽过程。

2. 持久性和难恢复性

污染物质在土壤中并不像在大气和水中那样容易扩散和稀释，土壤一旦被污染后很难恢复，土壤的污染和净化过程需要相当长的时间。尤其是重金属的污染，是不可逆的过程，现今治理技术十分有限。

（三）土壤污染的类型

土壤污染的类型按照污染物进入土壤的途径可分为水质污染型、大气污染型、农业污染型、固体废弃物污染型和生物污染型。

1. 水质污染型

水质污染型是指用工业废水、城市污水和受污染的地表水进行农田灌溉，使污染物质随水进入农田土壤而造成污染。其特点是污染物集中于土壤表层，但随着污灌时间的延长，某些可溶性污染物可由表层向下渗透。

2. 大气污染型

大气污染型是指空气中各种颗粒沉降物（如镉、铅、砷等）和气体，自身降落或随雨水沉降到土壤而引起的污染。其中二氧化硫、氮氧化物、氟化氢等废气，分别以硫酸、硝酸、氢氟酸等形式进入土壤，容易引起土壤酸化。

3. 农业污染型

农业污染型是指农田中大量施用化肥、农药、有机肥以及农用地膜等造成的污染。如六六六、滴滴涕等在土壤中的长期残留；含氮、磷等的化肥在土壤中累积或进入地下水，成为潜在的环境污染物；农用地膜难以分解，在土壤中形成隔离层。

4. 固体废弃物污染型

固体废弃物污染型是指垃圾、污泥、矿渣、粉煤灰等固体废弃物的堆积、掩埋、处理过程造成的污染。这种污染属于点源型土壤污染，其污染物的种类和性质都比较复杂。

5. 生物污染型

生物污染型是指一个或几个有害的生物种群，从外界环境侵入土壤，大量繁衍，破坏原来的动态平衡，对人体健康产生不良影响的污染。造成土壤生物污染的污染物主要是未经处理的粪便、垃圾、城市生活污水、饲养场和屠宰场的污物等。其中危险性最大的是传染病医院未经消毒处理的污水和污物。

第二节　土壤环境质量监测方案的制订

制订土壤环境质量监测方案，首先要根据监测目的和特点进行调查研究，收集相关资料，在综合分析的基础上合理布设采样点，确定监测项目和采样方法，选择监测方法，建立质量保证程序和措施，提出监测数据处理要求，并安排实施计划。

一、土壤环境监测的目的和特点

（一）土壤环境监测的目的

土壤环境监测是环境监测的重要内容之一，其目的是查清本底值，监测、预报和控制土壤环境质量。根据土壤环境监测的分类，其监测目的如下。

1. 土壤环境质量监测

土壤环境质量监测是指为了判断土壤的环境质量是否符合相关标准的规定而进行的监测，判断土壤是否被污染以及污染程度、状况，预测发展变化趋势。我国颁布了一系列标准，用于对土壤环境质量状况作出判断，同时也可用于判断土壤是否适于用作无公害农产品、绿色食品或有机食品的生产基地。

2. 土壤背景值调查

土壤背景值调查是指通过测定土壤中元素的含量，确定这些元素的背景水平和变化。土壤背景值是环境保护的基础数据，是研究污染物在土壤中变迁和进行土壤质量评价与预测的重要依据，同时能为土壤资源的保护和开发、土壤环境质量标准的制定以及农林经济发展提供依据。

3. 土壤污染监测

土壤污染监测是指对土壤各种金属、有机污染物、农药与病原菌的来源、污染水平及积累、转移或降解途径进行的监测活动。土壤污染监测的对象是对人群健康和维持生态平衡有重要影响的物质，如汞、镉、铅、砷、铜、镍、锌、硒、铬、硝酸盐、氟化物、卤化物等元素或无机污染物；石油、有机磷和有机氯农药、多环芳烃、多氯联苯、三氯乙醛及其他生物活性物质；由粪便、垃圾和生活污水引入的传染性细菌和病毒；等等。土壤污染监测是长期的、常规性的动态监测，其监测结果对掌握土壤质量状况、实施土壤污染控制防治途径和质量管理有重要意义。

4. 土壤污染事故监测

土壤污染事故监测是指对废气、废水、废液、废渣、污泥以及农用化学品等对土壤造成的污染事故进行的应急监测。土壤污染事故监测需要调查引起事故的污染物的来源和种类、污染程度及危害范围等，为行政主管部门采取对策提供科学依据。

（二）土壤环境监测的特点

土壤组成的复杂性和种类的多样性，以及人类对土壤认识的局限性等给土壤环境监测工作带来了许多困难。与大气、水体环境监测相比，土壤环境监测具有以下特点。

1. 复杂性

当污染物进入土壤后，其迁移、转化受到土壤性质的影响，将表现出不同的分布特征，同时土壤具有空间变异性特征，因此土壤监测中采集的样品往往具有局限性。如当污水流经农田时，污染物在其各点分布差异很大，采集的样品代表性较差，所以，样品采集时必须尽量反映实际情况，使采样误差降低至最小。

2. 频次低

由于污染物进入土壤后变化慢，滞后时间长，所以采样频次低。

3. 与植物的关联性

土壤是植物生长的主要环境与基质，是自然界食物链循环的基础，因此在进行土壤污染监测的同时，还要监测农作物生长发育是否受到影响以及污染物的含量水平。

二、资料的收集

需要收集的相关资料，包括自然环境和社会环境方面的资料。

自然环境方面的资料包括：土壤类型、植被、区域土壤元素背景值、土地利用、水土流失、自然灾害、水系、地下水、地质、地形地貌、气象等，以及相应的图件（如土壤类型图、地质图、植被图等）。

社会环境方面的资料包括：工农业生产布局、工业污染源种类及分布、污染物种类及排放途径和排放量、农药和化肥使用状况、污水灌溉及污泥施用状况、人口分布、地方病等及相应图件（如污染源分布图、行政区划图等）。

三、监测项目

土壤监测项目应根据监测目的确定。背景值调查研究是为了了解土壤中各种元素的含量水平，要求的测定项目多。污染事故监测仅测定可能造成土壤污染的项目。土壤质量监测测定影响自然生态和植物正常生长及危害人体健康的项目。

我国将监测项目分为 3 类，即规定必测项目、选择必测项目和选测项目。规定必测项目为相关规章标准要求测定的 11 个项目。选择必测项目是根据监测地区环境污染状况，确认在土壤中积累较多、对农业危害较大、影响范围广、毒性较强的污染物，具体项目由各地根据实际情况确定。选测项目指新纳入的在土壤中积累较少的污染物，由于环境污染导致土壤性状发生改变的土壤性状指标和农业生态环境指标。选择必测项目和选测项目，包括铁、锰、总钾、有机质、总氮、有效磷、总磷、水分、总硒、有效硼、总硼、总钼、氟化物、氯化物、矿物油、苯并芘、全盐量。

四、监测方法

土壤环境质量监测方法包括土壤样品预处理和分析测定方法两部分。样品预处理在下文介绍。分析测定方法常用原子吸收分光光度法、原子荧光法、气相色谱法、电化学分析法及化学分析法等。电感耦合等离子体原子发射光谱（ICP-AES）分析法、X 射线荧光光谱分析法、中子活化分析法、液相色谱分析法及气相色谱 – 质谱（GC-MS）联用法等近代分析方法在土壤监测中也已应用。表 6-1 列出了《农田土壤环境质量监测技术规范》（NY/T 395—2012）规定的分析测定方法。

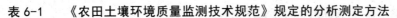

表 6-1 　《农田土壤环境质量监测技术规范》规定的分析测定方法

监测项目		监测分析方法
必测 元素	镉	石墨炉原子吸收分光光度法 KI-MIBK 萃取原子吸收分光光度法
	总汞	冷原子荧光法 原子吸收法 微波消解/原子荧光法
	总砷	二乙基二硫代氨基甲酸银分光光度法 硼氢化钾–硝酸银分光光度法 氢化物–原子荧光法 微波消解/原子荧光法
	铜	火焰原子吸收分光光度法
	铅	石墨炉原子吸收分光光度法 KI-MIBK 萃取原子吸收分光光度法
	总铬	火焰原子吸收分光光度法 二苯碳酰二肼分光光度法
	锌	火焰原子吸收分光光度法
	镍	火焰原子吸收分光光度法
	六六六	气相色谱法
	滴滴涕	气相色谱法
	pH	pH 玻璃电极法
	铁、锰	火焰原子吸收分光光度法
	总钾	火焰原子吸收分光光度法
	有机质	重铬酸钾容量法 燃烧氧化–非分散红外法
	总氮	半微量定氮仪法
	有效磷	钼锑抗分光光度法
	总磷	钼锑抗分光光度法 碱熔–钼锑抗分光光度法
	总硒	氢化物发生–原子荧光法 微波消解/原子荧光法
必测 元素	有效硼	姜黄素分光光度法
	总硼	亚甲蓝分光光度法
	氟化物	离子选择电极法
	氯化物	硝酸盐滴定法
	矿物油	分子筛吸附–油分浓度仪法
	苯并芘	萃取层析–分光光度法
	水分	重量法
	全盐量	重量法

五、农田土壤环境度量评价

运用评价参数进行单项污染物污染状况、区域综合污染状况评价和划定土壤质量等级。

（一）评价参数

用于评价土壤环境质量的参数有土壤单项污染指数、土壤综合污染指数、土壤污染物超标倍数、土壤污染样本超标率、土壤污染面积超标率、土壤污染物分担率等。它们的计算方法如下：

$$土壤单项污染指数 = \frac{土壤污染物实测值}{污染物质量标准值}$$

$$土壤综合污染指数 = \frac{(平均单项污染指数)^2 + (最大单项污染指数)^2}{2}$$

$$土壤污染物超标倍数 = 土壤污染物实测值 - 污染物标准值$$

$$土壤污染样本超标率(\%) = \frac{土壤超标样本总数}{检测样本总数} \times 100$$

$$土壤污染面积超标率(\%) = \frac{超标点面积之和}{检测总面积} \times 100$$

$$土壤污染物分担率(\%) = \frac{某项污染指数}{各项污染指数之和} \times 100$$

（二）评价方法

土壤环境质量评价一般以土壤单项污染指数为主，但当区域内土壤质量作为一个整体与外区域土壤质量比较时，或一个区域内土壤质量在不同历史阶段比较时，应用土壤综合污染指数评价。

土壤综合污染指数全面反映了各污染物对土壤的不同作用，同时又突出了高浓度污染物对土壤环境质量的影响，适合用来评价土壤环境的质量等级。表6-2为《农田土壤环境质量监测技术规范》（NY/T 395—2012）划定的土壤污染分级标准。

表6-2　《农田土壤环境质量监测技术规范》划定的土壤污染分级标准

土壤级别	土壤综合污染指数（P综）	污染等级	污染水平
1	P综 ≤ 0.7	安全	清洁
2	0.7 < P综 ≤ 1.0	警戒线	尚清洁
3	1.0 < P综 ≤ 2.0	轻污染	土壤污染超过背景值，作物开始污染
4	2.0 < P综 ≤ 3.0	中污染	土壤、作物均受到中度污染
5	P综 > 3.0	重污染	土壤、作物受污染已相当严重

第三节　土壤样样品的采集与制备

一、调查

为了使所采集的样品具有代表性，使监测结果能表征土壤污染的实际情况，监测前首先应进行污染源、污染物的传播途径、作物生长情况和自然条件等的调查研究，搞清污染土壤的范围、面积，为采样点的合理布局打基础。

二、样品的采集

样品的采集一定要保证样品具有代表性。

由于土壤具有不均一特性，所以采样时很容易产生误差，通常取若干点，组成多点混合样品，混合样品组成的点越多，其代表性越强。另外因为土壤污染具有时空特性，应注意采样时间、采样区域范围、采样深度等。

（一）布点方法

当污染源为大气点污染源时，可参照大气污染监测中有关布点内容。如：当主导风向明显时采用扇形布点法，以点源在地面射影为圆点向下风向画扇形，射线与弧交点作为采样点；如果主导风向不明显，那么用同心圆布点法，以排放源在地面射影为圆心作同心圆，射线与弧交点作为采样点。

当污染源为面源污染时，一般采用网格布点法。

对角线布点法 [见图 6-1（a）]：该法适用于面积小、地势平坦的受污水灌溉的田块。布点方法是由田块进水口向对角线引一斜线，将此对角线三等分，取它们的中央点作为采样点。但由于地形等其他情况，也可适当增加采样点。

梅花形布点法 [见图 6-1（b）]：该法适用于面积较小、地势平坦、土壤较均匀的田块，中心点设在两对角线相交处，一般设 5 ~ 10 个采样点。

棋盘式布点法 [见图 6-1（c）]：该法适用于中等面积、地势平坦、地形开阔但土壤较不均匀的田块，一般设 10 个以上采样点。此法也适用于受固体废物污染的土壤，因为固体废物分布不均匀，所以应设 20 个以上采样点。

蛇形布点法 [见图 6-1（d）]：该法适用于面积较大、地势不是非常平坦、土壤不够均匀的田块，布设采样点数目较多。

(a)　　　　　　(b)　　　　　　(c)　　　　　　(d)

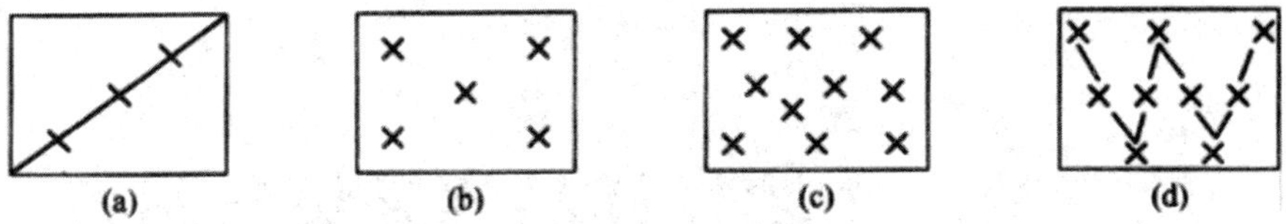

图 6-1　　土壤采样布点法

（二）采样深度

采样深度依监测目的确定，如果只是了解土壤的大致污染状况，只需采集表层土 0 ~ 20 cm 即可。但如果需要了解土壤污染深度，或者想研究污染物在土壤中的垂直分布与淋失迁移情况，那么需分层采样。如 0 ~ 20 cm、20 ~ 40 cm、40 ~ 60 cm 分层取样。分层采样可以采用土钻，也可挖剖面采样。采样时应由下层向上层逐层采集。首先挖一个 1 m×5 m 左右的长方形土坑，深度达潜水区（约 2 m）或视情况而定。然后根据土壤剖面的颜色、结构、质地等情况划分土层。在各层内分别用小铲切取一片片土壤，根据监测目的，可取分层试样或混合体。用于重金属项目分析的样品，需将接触金属采样器的土壤弃去。

（三）采样时间

为了了解土壤污染状况，可随时采集样品进行测定，但有些时候则需根据监测目的与实际情况而定。

如果污染源为大气，则污染情况易受空气湿度、降水等影响，其危害有显著的季节性，所以应考虑季节采样；如果污染源为肥料、农药，那么应于施肥与洒药前后选择适当的时间采样；如果污染源为灌溉，那么应在灌溉前后采样。

（四）采样量

一般 1 ~ 2 kg 即可，对多点采集的混合样品，可反复按四分法弃取，最后装入塑料袋或布袋内带回实验室。

（五）采样工具

土钻，适合于多点混合样的采集；小土铲，用于挖坑取样；取样筒（金属或塑料制作）。

（六）注意事项

采样点不能设在田边、沟边、路边或堆肥边；测定金属不能用金属器皿，一般用塑料、木竹器皿；如果挖剖面分层采样，应自下而上采集；采样记录的

标签应用铅笔注明样品名称、采样人、时间、地点、深度、环境特征等，袋内外各一张。

166

三、土壤样品的制备与储存

一些易变、易挥发项目需要使用新鲜土壤样品。这些项目包括：游离挥发酚、三氯乙醛、硫化物、低价铁、氨氮、硝氮、有机磷农药等，这些项目在风干的过程中会发生较大的变化。因为风干土样比较容易混合均匀，重复性、准确性比较好，所以为了样品的保存与测定工作的方便，除以上需要新鲜样品测定的项目外，通常将样品做风干处理。

（一）风干

在风干室将土样放置于风干盘中，摊成 2 ~ 3 cm 的薄层，适时地压碎、翻动，拣出碎石、砂砾、植物残体。

（二）样品粗磨

在磨样室将风干的样品倒在有机玻璃板上，用木槌敲打，用木棒、有机玻璃棒再次压碎，拣出杂质，混匀，并用四分法取压碎样，过孔径 2 mm（20 目）尼龙筛。过筛后的样品全部置于无色聚乙烯薄膜上，并充分搅拌混匀，再采用四分法取其两份，一份交样品库存放，另一份作为样品的细磨用。粗磨样可直接用于土壤 pH 值、阳离子交换量、元素有效态含量等项目的分析。

（三）细磨样品

用于细磨的样品再用四分法分成两份，一份研磨到全部过孔径 0.25 mm（60 目）筛，用于农药或土壤有机质、土壤全氮量等项目分析；另一份研磨到全部过孔径 0.15 mm（100 目）筛，用于土壤元素全量分析。

（四）样品

分装研磨混匀后的样品，分别装于样品袋或样品瓶，填写土壤标签，一式两份，瓶内或袋内一份，瓶外或袋外贴一份。

（五）注意事项

制样过程中采样时的土壤标签与土壤始终放在一起，严禁错混，样品名称和编码始终不变。

制样工具每处理一份样后擦抹（洗）干净，严防交叉污染。分析挥发性、半挥发性有机物或可萃取有机物无须上述制样过程，用新鲜样品按特定的方法进行样品前处理。

（六）样品保存

样品按名称、编号和粒径分类保存。

1. 新鲜样品的保存

对于易分解或易挥发等不稳定组分的样品要采取低温保存的运输方法，并尽快送到实验室进行分析测试。测试项目需要新鲜样品的土样，采集后用可密封的聚乙烯或玻璃容器在 4 ℃以下避光保存，样品要充满容器。避免用含有待测组分或对测试有干扰的材料制成的容器盛装保存样品，测定有机污染物用的土壤样品要选用玻璃容器保存。新鲜样品的保存条件见表 6-3。

表 6-3　新鲜样品的保存条件和保存时间

测试项目	容器材质	温度 /℃	可保存时间 /d	备注
金属（汞和六价铬除外）	聚乙烯、玻璃	< 4	180	
汞	玻璃	< 4	28	
砷	聚乙烯、玻璃	< 4	180	
六价铬	聚乙烯、玻璃	< 4	1	
氰化物	聚乙烯、玻璃	< 4	2	
挥发性有机物	玻璃（棕色）	< 4	7	采样瓶装满装实并密封
半挥发性有机物	玻璃（棕色）	< 4	10	采样瓶装满装实并密封
难挥发性有机物	玻璃（棕色）	< 4	14	

2. 预留样品

预留样品在样品库造册保存。

3. 分析取用后的剩余样品

分析取用后的剩余样品，待测定全部完成数据报出后，也移交样品库保存。

4. 保存时间

分析取用后的剩余样品一般保留半年，预留样品一般保留 2 年。特殊、珍稀、仲裁、有争议样品一般要永久保存。

新鲜样品的保存时间见表 6-3。

5. 样品库要求

保持干燥、通风、无阳光直射、无污染；要定期清理样品，防止霉变、鼠害及标签脱落。样品入库、领用和清理均需记录。

土壤污染常规监测制样过程如图 6-2 所示。

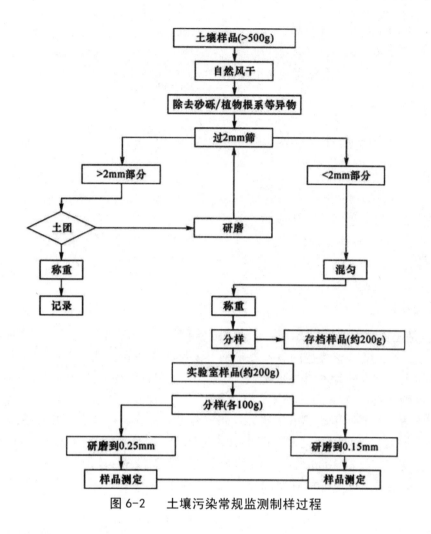

图 6-2　土壤污染常规监测制样过程

第四节　土壤污染的监测内容

一、土壤水分

无论用新鲜土样还是风干土样测定污染组分时，都需要测定土壤含水量，以便计算按烘干土为基准的测定结果。

土壤含水量的测定要点：对于风干样，用感量 0.001 g 的天平称取适量通过 1 mm 孔径筛的土样，置于已恒重的铝盒中；对于新鲜土样，用感量 0.01 g 的天平称取适量土样，放于已恒重的铝盒中；将称量好的风干土样和新鲜土样放入烘箱内，在 105 ± 2 ℃烘至恒重，按以下两式计算水分含量：

$$水分含量（分析基）\% = \frac{m_1 - m_2}{m_1 - m_0} \times 100\%$$

$$(6-1)$$

$$水分含量（烘干基）\% = \frac{m_1 - m_2}{m_1 - m_0} \times 100\%$$

$$(6-2)$$

式中：m_0——烘至恒重的空铝盒重量 (g)；

m_1——铝盒及土样烘干前的重量（g）；

m——铝盒及土样烘至恒重时的重量（g）。

二、pH 值

pH 值是土壤重要的理化参数，对土壤微量元素的有效性和肥力有重要影响。pH 值为 6.5 ~ 7.5 的土壤，磷酸盐的有效性最强。土壤酸性增强，使所含的许多金属化合物的溶解度增大，其有效性和毒性也增强。土壤 pH 值过高（碱性土）或过低（酸性土），均影响植物的生长。

测定土壤 pH 值使用玻璃电极法。其测定要点：称取通过 1 mm 孔径筛的土样 10 g 于烧杯中，加无二氧化碳蒸馏水 25 mL，轻轻摇动后用电磁搅拌器搅拌 1 min，使水和土充分混合均匀，放置 30 min，用 pH 计测量上部浑浊液的 pH 值。

测定 pH 值的土样应存放在密闭玻璃瓶中，防止空气中的氨、二氧化碳及酸碱性气体的影响。

三、可溶性盐分

土壤中可溶性盐分是用一定量的水从一定量土壤中经一定时间浸提出来的水溶性盐分。就盐分的组成而言，碳酸钠、碳酸氢钠对作物的危害最大，其次是氯化钠，而硫酸钠危害相对较轻。因此，定期测定土壤中可溶性盐分总量及盐分的组成，可以了解土壤盐渍程度和季节性盐分动态，为制定改良和利用盐碱土壤的措施提供依据。

测定土壤中可溶性盐分的方法有重量法、比重计法、电导法、阴阳离子总和计算法等，下面简要介绍应用广泛的重量法。

重量法的原理：称取通过 1 mm 筛孔的风干土壤样品 1 000 g，放入 1 000 mL 大口塑料瓶中，加入 500 mL 无二氧化碳蒸馏水，在振荡器上振荡提取后，立即抽气过滤，滤液供分析测定。吸取 50 ~ 100 mL 滤液于已恒重的蒸发皿中，置于水浴上蒸干，再在 100 ~ 105 ℃烘箱中烘至恒重，将所得烘干残渣用 15% 过氧化氢溶液在水浴上继续加热去除有机质，再蒸干至恒重，剩余残渣量即为可溶性盐分总量。

水土比例大小和振荡提取时间影响土壤可溶性盐分的提取，不能随便更改，以使测定结果具有可比性。此外，抽滤时尽可能快速，以减少空气中二氧化碳的影响。

四、金属化合物

下面以混酸消解－石墨炉原子吸收分光光度法测定土壤中的镉、铅为例，介绍土壤中重金属污染物的测定步骤。

（一）土壤样品的消解

采用 HCl–HNO3–HNO3–HClO4 混合酸消解。准确称取 0.1 ~ 0.3 g 已过 100 目尼龙筛的风干土样，于 50 mL 聚四氟乙烯坩埚中，用少许水润湿后加入 5 mL HCl，于电热板上低温加热消解（< 250 ℃，以防止镉的挥发），当蒸发至 2 ~ 3 mL 时，加入 5 mL HNO_3、4 mL HF、2 mL $HClO_4$，加热后于电热板上中温加热约 1 h，开盖，继续加热除硅。根据消解情况可适当补加 HNO_3、HF 和 $HClO_4$，直至样品完全溶解，得到清亮溶液。最后加热蒸发至近干，冷却，用 HNO_3 溶解残渣，并加入基体改进剂（磷酸氢二铵溶液）做空白试验。

（二）绘制标准曲线

配制镉、铅的混合标准溶液，配制镉、铅的标准系列，分别按照仪器工作条件测定镉、铅标准系列的吸光度，绘制标准曲线。

（三）样品测定及结果计算

按照与测定标准溶液相同的工作条件，测定样品溶液的吸光度。按照下式计算土壤样品中镉、铅的含量：

$$C(\text{Cd,Pb,mg}/\text{kg})= \frac{\rho V}{m-f}$$

式中：ρ — 样品试液的吸光度减去空白试验的吸光度后，在标准曲线上查得镉、铅的含量（mg/L）；

V — 试液定容体积（mL）；

m — 称取风干土样的质量（g）；

f — 土壤样品的水分含量（%）。

（四）注意事项

（1）为了克服石墨炉原子吸收测定镉、铅的基体干扰，可加入基体改进剂，可适当提高灰化温度，不仅不会导致镉、铅损失，还能减少机体产生的背景吸收。

（2）由于土壤样品中镉、铅的含量低，因此在消解过程中应防止器皿的污染。

（3）使用的酸应均为优级纯。

（4）电热板的温度不宜过高，否则不仅会使待测元素挥发损失，还会使聚四氟乙烯坩埚变形。

五、有机化合物

（一）六六六和滴滴涕

六六六和滴滴涕的测定广泛使用气相色谱法。

1. 方法原理

用丙酮－石油醚提取土壤样品中的六六六和滴滴涕，经硫酸净化处理后，用带电子捕获检测器的气相色谱仪测定。根据色谱峰保留时间进行两种物质异构体的定性分析；根据峰高（或峰面积）进行各组分的定量分析。

2. 主要仪器及其主要部件

主要仪器是带电子捕获检测器的气相色谱仪。其主要部件包括：全玻璃系统进样器；与气相色谱仪匹配的记录仪；色谱柱；电子捕获检测器。

3. 色谱条件

汽化室温度：220 ℃；柱温：195 ℃；载气（N2）流速：40 ～ 70 mL/min。

4. 测定要点

（1）样品预处理：准确称取 20 g 土样，置于索氏提取器中，用石油醚－丙酮（1 : 1）提取，则六六六和滴滴涕被提取进入石油醚层，分离后用浓硫酸和无水硫酸钠净化，弃去水相，石油醚提取液定容后供测定。

（2）定性和定量分析：用色谱纯 α－六六六、β－六六六、γ－六六六、δ－六六六、P，P′－DDE、O，P′－DDT、P，P′－DDD、P，P′－DDT 和异辛烷、石油醚配制标准工作溶液；用微量注射器分别吸取 3 ～ 6 mL 标准溶液和样品试液注入气相色谱仪测定，记录标准溶液和样品试液的色谱图（见图 6-3）。根据各组分的保留时间和峰高（或峰面积）分别进行定性和定量分析。

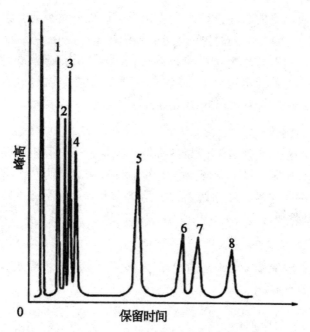

1—α-六六六；2—β-六六六；3—γ-六六六；4—δ-六六六；5—P, P′-DDE；

6—O, P′-DDT；7—P, P′-DDD；8—P, P′-DDT

图6-3 六六六、滴滴涕气相色谱图

用外标法计算土壤样品中农药含量的计算式如下：

$$\rho_i = \frac{h_i W_{si} \cdot V}{h_{is} \cdot V_i G}$$

式中：ρ_i—样中 i 组分农药含量 (mg/kg)；

h_i— 土样中 i 组分农药的峰高（cm）或峰面积（cm^2）；

W_{si}— 标样中 i 组分农药的重量（ng）；

V— 土样定容体积（mL）；

h_{si}— 标样中 i 组分农药的峰高（cm）或峰面积（cm^2）；

V_i— 土样试液进样量（μL）；

G— 土样重量（g）。

（二）苯并芘

测定苯并芘的方法有紫外分光光度法、荧光分光光度法、高效液相色谱法等。

1. 紫外分光光度法

紫外分光光度法的测定要点：称取通过 0.25 mm 筛孔的土壤样品于锥形瓶中，加入氯仿，在 50 ℃水浴上充分提取，过滤，滤液在水浴上蒸发近干，用环己烷溶解残留物，

173

制备成苯并芘提取液。将提取液进行两次氧化铝层析柱分离纯化和溶出后，在紫外分光光度计上测定 350 ~ 410 nm 波段的吸收光谱，依据苯并芘在 365 nm、385 nm、403 nm 处有 3 个特征波峰，进行定性分析。测量溶出试液对 385 nm 紫外光的吸光度，对照苯并芘标准溶液的吸光度进行定量分析。该方法适用于苯并芘含量 > 5 μg/kg 的土壤，若苯并芘含量 < 5 μg/kg，则用荧光分光光度法。

2. 荧光分光光度法

荧光分光光度法是将土壤样品的氯仿提取液蒸发近干，并把环己烷溶解后的试液滴入氧化铝层析柱上，进行分离和用苯洗脱，洗脱液经浓缩后再用纸层析法分离，在层析滤纸上得到苯并芘的荧光带，用甲醇溶出，取溶出液在荧光分光光度计上测量其被 386 nm 紫外光激发后发射的荧光（406 nm）强度，对照标准溶液的荧光强度定量。

3. 高效液相色谱法

高效液相色谱法是指将土壤样品于索氏提器内用环己烷提取苯并芘，提取液注入高效液相色谱仪测定。

第五节　我国土壤污染的防治与保护

土壤质量直接影响着农业生产，如果土壤受到污染，便会导致农产品质量下降，而人们食用受污染的农产品会严重危害身体健康。我国利用监测手段和修复技术，积极出台相关政策，保护了土地资源，有效提升了土地资源利用率，但是该项工作的开展依旧面临严峻的形势。

一、土壤环境污染现状

我国土壤环境整体质量偏低，土壤总的点位超标率达到 16%，其中以有机污染和无机污染为主要类型。部分地区存在严重污染问题，如珠三角、长三角等。研究发现，我国西南地区及中南地区重金属污染问题严重，自北向南无机污染含量逐渐增多。

（一）污染物超标情况

铜、汞、镍、铬为主要无机污染物，其中金属铬的点位超标率达到 7%，锌的点位超标率为 0.9%。我国无机污染情况较为普遍，重污染企业、垃圾处理场地及采矿区的无机污染尤为严重。在有机污染方面，滴滴涕超标问题尤为突出，约占污染物指标的 9%，尽管该化学物质禁用多年，但依然可在土壤环境中检测出来。

（二）不同土地利用类型土壤污染情况

我国土地利用类型包括建筑用地、工业用地、林地、耕地、草地和未利用地。我国耕地土壤主要污染类型为农药污染和重金属污染，该问题在林地、草地中同样存在。此外，工业用地、建筑用地及其他类型土地存在着不同程度的土壤污染超标问题。

二、土壤环境管理存在的问题

（一）法律法规不健全

我国为了治理土壤污染问题，出台了《中华人民共和国土壤污染防治法》，这对于推进土壤治理工作具有一定的指导作用，真正明确了土壤污染治理的目标和方向。但从目前实际情况来看，相关法律法规的执行效果并不佳，尤其是各个区域的土壤污染问题存在着较大的差异性，在实际治理过程中，相关部门没有针对各区域的污染防治工作作出细致的规定，导致法律法规适用性不强，进而在执行过程中遇到了较大的阻力。如地方性法规的针对性不强，尤其是当前土壤污染的原因多种多样，如果没有根据实际情况进行调整和优化，则会导致部分法律法规呈现出形式化的问题。

（二）资金投入不足

我国当前土壤污染的范围较大，所以对于资金的需求也较大，但实际上我国土壤环境管理存在资金投入不足的问题，这对推进土壤污染治理工作造成了一定阻碍。相比于西方国家，我国在环境保护方面起步较晚。各地区对于政府部门的财政支出依赖性较强，缺乏多元化的资金筹集渠道，这样就导致资金投入不足。由于资金不到位，土壤污染防治的基础设施十分落后，无法适应新时期的环境保护要求。

（三）环保意识不足

土壤污染防治工作不仅是环保部门的职责，更需要社会公众的积极参与，然而，公众对于土壤污染问题的关注度并不高，主要是因为他们自身的环保意识不强，这非常不利于土壤污染防治工作的顺利推进。尤其是部分高污染企业，为了追求眼前的经济利益，漠视法律法规，没有经过处理就将污染物直接排放到周围的土壤和河流中，这也是造成严重污染事件的主要原因。尤其是在农村地区，部分农民不了解相关的法律法规和政策要求，在农业生产中使用高污染的农药和化肥等，造成土壤环境被严重破坏。

（四）先进技术缺失

先进技术缺失也是当前土壤污染防治工作中面临的主要难题，这导致土壤环境管理整体工作效率低下，无法达到预期治理目标和要求。特别是当前污染成分呈现出复杂性和多样性的特点，利用传统的防治技术已无法实现快速治理的目标，造成了资源浪费问题。当前，土壤防治技术主要集中在化学防治、物理防治和生物防治等领域，部分技术的局限性较大，无法适应多种土壤环境管理。由于技术研发和创新力度不高，我国土壤环境保护工作的推进严重受阻。

三、防治土壤环境污染的措施

（一）重视土壤修复和污染预防工作

土壤受到污染后，很多污染物会残留到土壤中，部分污染物还会通过大气环境和地下径流大范围传播。随着绿色发展理念的提出，我国应把治理土壤环境污染问题上升到国家战略层面，在开展治理工作时，将预防措施和修复措施放在同等位置。以往我国土壤污染治理倾向于快速修复，普遍使用异位修复技术，不过治理不够彻底。要想提升土壤修复成效，要积极推广原位修复技术，减少二次污染。

（二）加强土壤环境污染修复和治理研究

西方国家开展土壤环境污染治理的时间较早，其中美国投入大量资金打造土壤修复技术研究项目，日本及欧洲同样投入大量资金开展土壤修复工作，由此说明，土壤修复技术是污染治理的研究重点。相较于发达国家，我国在修复技术投入和研究方面存在较大差距，很多技术仍处于试验阶段，以重金属研究为重点，有机物研究偏少。由于土壤环境污染治理和修复技术对污染防治效能有着直接影响，今后我国需要继续加强技术攻关，推动放射性污染治理、有机污染治理的深入研究。

（三）开展土壤环境污染调查工作

通过开展土壤环境污染调查工作，可了解污染范围、污染程度、污染类型，把调查结果作为污染防治的根本依据。地方政府必须继续推动土壤环境污染调查工作，全面掌握污染状况，以制定具有针对性的防治措施。

（四）贯彻执行《中华人民共和国土壤污染防治法》

我国于 2019 年施行《中华人民共和国土壤污染防治法》，该法明确了土壤污染防治原则，要求做到预防为主、保护为先，明确了地方政府部门、基层群众组织及新闻媒体的职责与义务，并且详细规定了重点监测地块，强化了风险管控和监督，明确了对污染土壤环境行为的惩戒措施。为了有效提升土壤环境治理质量，我们必须确保该法规的贯彻执行。

尽管我国土壤环境污染治理工作取得了一定成绩，但是整体形势依旧不容乐观。我们要做好预防和修复工作，合理利用工程措施、农业修复、生物修复、改良剂修复等，积极贯彻执行《中华人民共和国土壤污染防治法》，从法律、技术等多方面入手，有效推动我国环保事业发展。

四、土壤环境污染保护修复措施

为解决病原菌、抗生素、重金属等复杂的土壤环境问题，我们需要采取以下措施：

（一）工程措施

在土壤环境修复过程中，目前主要使用物理措施和化学措施，常见的物理措施包括换土法、翻土法、隔离法、热处理法、清洗法。具体来说，翻土法是把土壤表层的污染物转移到土壤深层对污染物进行稀释的方法，这种方法主要在土层深厚的土壤中使用。换土法是利用清洁土壤替换存在污染的土壤的方法，这种方法主要用于小面积存在放射性污染物的土壤。隔离法是使用塑料、水泥板等材料通过防渗作用隔离清洁土壤与污染土壤，避免污染物扩散的方法，这种方法可在农药污染地区使用。清洗法是利用稀盐酸、清水将土壤中的污染物质稀释，利用化学措施形成络合物或沉淀重金属的方法，不过该方法可能会污染地下水体。研究发现，清洗法中的 EDTA 清洗可显著减少铬含量。热处理法是利用加热措施分解污染物，之后回收处理的方法。

（二）生物修复

生物修复是利用动植物、微生物对污染物进行吸收或降解，修复土壤环境的技术。生物修复是一种无害化处理技术，主要包括动物修复、植物修复及微生物修复。动物修复指利用蚯蚓及部分鼠类降解和吸收土壤中的有害物质，改善受到轻微污染的土壤环境。植物修复指利用野生植物吸收土壤中的重金属，如蕨类植物可以吸收土壤中的金属铬，香蒲植物可以吸收土壤中的铅和锌。在矿区污染土壤及工业废水污染土壤中使用植物修复措施效果明显。微生物修复指利用部分生物的新陈代谢作用减少土壤中的毒性物质，起到土壤环境污染治理的效果，如使用降解菌提升污染物降解效率。由于部分植物能够优化微生物活性，所以微生物修复技术可以和植物修复技术配合使用。

（三）农业修复

该措施主要是指使用农业手段降低土壤中污染物含量，改善土壤环境，通常用于农业种植后受到破坏的土壤。农业修复包括：合理施加有机肥，提升土壤有机质含量，吸收土壤中的农药和重金属，促进重金属沉淀转化；提升酶的活性，增加土壤微生物数量；等等。研究发现，在水稻抽穗期至成熟期控制水分能够降低重金属含量，块根类、叶类蔬菜种植过程中选择抗性强大的品种也可以吸收土壤中的金属物质，而果树和瓜果类蔬菜在重金属污染后的土壤中种植可以减少重金属含量，确保经蔬菜摄入铅、镉、汞、砷的健康风险处于可接受水平。

（四）改良剂修复

改良剂修复指利用土壤污染物溶性净化土壤，是一种化学处理手段。结合作用机理可将改良剂修复技术分为沉淀修复、钝化修复及拮抗修复。沉淀修复可沉淀污染物，如受重金属污染的土壤可以加入生石灰，将污染物转化为氢氧化物；钝化修复可将污染物转化为迁移力更小、不容易溶解的物质，目前常用的钝化剂包括秸秆炭、腐植酸、膨润土、磷酸盐、硫酸亚铁。不过在农田土壤修复期间应尽量不使用钝化剂，否则会导致二次污染；拮抗技术利用的是离子间拮抗作用，如钙离子可以减少重金属毒性，使用碳酸钙、硫酸钙可以减少土壤重金属污染。

第六节　污染地块修复的阻隔技术

一、阻隔技术应用背景

2016 年 5 月 31 日，国务院印发《土壤污染防治行动计划》（国发〔2016〕31 号，以下简称"土十条"），其中明确提出"加强污染源监管，做好土壤污染预防工作"，并"开展污染治理与修复，改善区域土壤环境质量"，并规定"强化治理与修复工程监管。治理与修复工程原则上在原址进行，并采取必要措施防止污染土壤挖掘、堆存等造成二次污染；需要转运污染土壤的，有关责任单位要将运输时间、方式、线路和污染土壤数量、去向、最终处置措施等，提前向所在地和接收地环境保护部门报告"。2018 年，十三届全国人大常委会第五次会议审议并通过《中华人民共和国土壤污染防治法》（以下简称《土壤污染防治法》），其中对土壤污染风险管控及修复进行了规定。相关人士指出，《土壤污染防治法》"不主张盲目地大治理、大修复。这个思路汲取了国外几十年的经验和教训，也符合我国国情。""对于受污染建设用地，采取消除或减少土壤污染的修复措施可以防控风险；在彻底消除污染不具有经济技术可行性的情形下，采取隔离等切断或控制暴露途径的措施，也可以防控风险。"

二、阻隔技术概念及特点

阻隔技术是指通过铺设阻隔层阻断土壤介质中污染物迁移扩散的途径，使污染介质与周围环境隔离，避免污染物与人体接触和随降水或地下水迁移，进而对人体和周围环境造成危害的技术。阻隔系统主要有几方面的功能：

（1）阻断污染土壤与人体的直接接触；

（2）阻止受污染的地下水迁移扩散；

（3）阻断污染土壤或污染地下水挥发出的气体扩散。

阻隔仅能切断暴露路径，限制污染物迁移，但不能彻底去除污染物质或降低污染地块上的污染物浓度，不是真正的修复技术。因此，阻隔技术尽管可以单独用于污染地块的风险管控，也经常需要与其他修复技术结合使用才能达到修复目标。

三、阻隔技术分类

阻隔技术包括水平阻隔和垂直阻隔两大类，水平阻隔相对简单，垂直阻隔可分成取代法、挖掘法、注射法等基本类型。对于阻隔技术的应用，应基于污染地块"三要素"的分析，以及设定的风险管控目标，判断其适用性，同时还要考虑其与其他技术经济成本的比较情况。阻隔技术实施的工作程序包括设计、施工和监测维护等内容。设计阶段需考虑工程建设、阻隔材料选择、主要暴露途径和使用寿命等因素；施工阶段的质量非常重要，直接关系到阻隔措施的效果，因此应做好质量控制与质量保证，确保阻隔措施完全按照设计说明实施。同时，阻隔措施需要开展常规监测，证明阻隔系统达到设计目标的最初性能，并确保在地块开发后阻隔效果得以持续。此外，阻隔措施需要进行长期维护，如果定期监测结果表明阻隔措施未能达到预期效果，应及时进行修理或更换。

四、压实黏土衬垫（CCL）技术的应用及问题

水平工程屏障系统自下往上包括压实黏土衬垫、土工合成黏土衬垫、土工膜、排水层、保护层、种植土层、植被层等。其中土工合成黏土衬垫（GCL）、压实黏土衬垫（CCL）及土工膜（GMB）对 VOC 气体的运移起到阻滞作用。目前，国内垃圾填埋场的底部防渗一般采用厚度 ≥ 1.5mm 的高密度聚乙烯（HDPE）土工膜，其材料参数符合《垃圾填埋场用高密度聚乙烯土工膜》（CJ/T234-2006）的要求。重金属离子（Zn^{2+}、Ni^{2+}、Mn^{2+}、Cu^{2+}、Cd^{2+}、Pb^{2+}）几乎不能通过土工膜扩散，而通过扩散试验和吸附试验发现二甲苯、乙苯、邻二甲苯和甲苯等 VOC 气体在土工膜中运移时，其分配系数可达408，315，237 和 120，扩散系数分别为 $1.7 \times 10^{-13} m^2/s$，$1.8 \times 10^{-13} m^2/s$，$1.5 \times 10^{-13} m^2/s$ 和 $3 \times 10^{-13} m^2/s$。同时，由于完整的土工膜的渗透性极低，所以复合衬垫系统中的渗漏大部分是由土工膜破损引起的。而罗林等通过漏电探测法统计发现，安装好的土工膜上的破损频率为 2~6 个 / 公顷。即使是经过严格的施工质量控制和施工质量保证程序，土工膜上的破损也还是存在的。吉鲁等人的研究表明，在严格按照施工质量保证程序进行施工时，采用 2.5~5 个 / 公顷的破损频率计算渗漏量较为合理，这与福尔热等人的报道大致相符。通过对 57 个填埋场中裸露的土工膜进行渗漏检测，发现严格按照施工质量保证。程序进行施工时，破损频率为 0~7 个 / 公顷，平均为 4 个 / 公顷；而未按施工质量保证（CQA）程序进行施工的场地的土工膜破损频率平均为 22 个 / 公顷。在国内，徐亚等人采用偶极子法对 80 座填埋场的防渗层进行渗漏检测，经统计分析发现，经由具有专业工程资质及防渗施工经验的公司铺设的填埋场防渗层的破损频率为 19.1 个 / 公顷，而由非专业工程资质的公司铺设的填埋场防渗层的破损频率可达 37.6 个 / 公顷，均远大于国外填埋场防渗层的破损频率。事实上，土工膜的破损是不可避免的，50% ~ 83%的破损发生在铺设过程中，对土工膜的阻滞效果造成极大影响。土工合成材料膨润土防水毯（GeosyntheticClayLiner，GCL）作为阻隔 VOC 经扩散作用发生迁移的屏障，其扩散系数 Dt 与孔隙率有关，当孔隙率为 4.1~4.6 时，二氯甲烷、三氯乙烯、苯和甲苯在GCL 中的扩散系数分别为 $3.2 \times 10^{-10} m^2/s$、$5.6 \times 10^{-10} m^2/s$、$3.2 \times 10^{-10} m^2/s$ 和 $4.8 \times 10^{-10} m^2/s$。多尔提出基于气、液二相流和热流的垃圾填埋场中 GCL 的热驱动脱水和干燥理论，罗韦等则通过室内土柱试验研究了温度梯度下 GCL 的开裂情况，结果表明当 GCL 初始含水率为 11%，地基土含水率为 4.5%，且上覆 1.5mmHDPE 土工膜时，设置温度梯度为25℃ /m，90 天后 GCL 层含水率减小为 12.1%，GCL 出现失水开裂现象，严重影响土工

膜破损处GCL对污染物的阻滞效果。因此，土工膜的缺陷是VOC气体的重要排放源之一。压实黏土衬垫（CCL）一般与GCL和GMB结合使用，形成复合衬垫，作为废物处理或水土保持的水力屏障。巴斯尼特和布鲁纳在美国某垃圾填埋场扩建工程中发现，厚度为0.3m的CCL层上覆土工膜和砂土保护层时，由于坡度原因暴露在阳光直射下，3年后黏土高度干燥并出现了宽度为12~25mm的裂缝，填埋场扩建工程施工2个月后其裂缝深度可达200mm。而研究者将三种裸露的CCL和上覆白色土工布的CCL暴露在大气中，一年后发现塑性指数最高的CCL的平均裂缝深度可达120mm，而土工布覆盖的CCL平均裂缝深度较裸露的CCL小35%~79%。国内谢建宝等人利用烘箱对长三角地区的黏土进行加热，结果发现当其含水率减小为33.5%时CCL层容易发生开裂。罗韦团队的研究则表明，当CCL下方土层的初始含水率小于5%时，CCL层出现开裂。而奥米迪等的研究表明黏土失水干燥将导致CCL层的渗透系数增大接近2个数量级，会对复合衬垫系统的整体阻隔效果造成影响。第一，夏季天气炎热（气温超过35℃），施工过程中CCL层直接暴露在阳光中，会产生失水开裂现象；第二，即使设置有保护层和土工膜，当地基土层含水率小于5%时，CCL层仍存在失水开裂的可能性；第三，施工工期较长，即使上覆HDPE土工膜时，仍存在失水开裂现象；第四，由于土工膜破损不可避免，当上覆土工膜和保护层时，破损处无法及时更新，其下方的黏土由于外部热传导而存在开裂的可能性。目前，污染场地的治理与修复是土壤污染修复的热点问题，有机污染场地的治理与修复是其中的重难点问题。针对有机污染场地中出现的VOC气体运移的现象，有学者认为挥发性有机物气体阻隔层在限制屏障内水分迁移的同时，更需要阻隔有机污染物的传输。因此，研发一种增强型黏土功能层材料，从而提高CCL层对挥发性气体扩散运移的实际阻隔效果，对有机污染场地的治理与修复工作具有重要意义。

五、学界对阻隔技术研究

（一）吸附剂与保水

为对现有的水平阻隔系统中的CCL层进行改进，使其成为兼具保水和吸附功能的增强型黏土功能层，这需要在CCL层中加入双重剂，即双重改性剂。双重剂同时充当吸附剂和保水剂，其对CCL层的改性集中在两个方面，即通过提高黏土在高温下保水性能和对VOC气体的吸附性能，从而提高CCL层对VOC气体扩散运移的阻隔效果。目前，学界对吸附剂与保水剂等技术进行了相关研究，并取得一定成果。吸附剂一般为比表面积较大的多孔物质或磨得很细的物质，对整体吸附效果起决定性作用。目前市场上主要的吸附剂种类包括活性炭、吸附树脂、改性淀粉类吸附剂、改性纤维素类吸附剂、改性木质素类吸附剂、改性壳聚糖类吸附剂以及其他可吸收污染物质的药、物料等。通常采用批处理吸附试验以评价吸附剂的吸附效果，并对试验结果进行吸附动力学分析。批处理吸附试验中吸附剂吸附效果的评价指标一般为最大吸附量和去除率。而针对VOC污染，通常以分配系数（Kd）和吸附量（S）来评价吸附剂的吸附效果，例如玛丽·皮埃尔等依据《美国材料与试验协会标准》（ASTME1195-01）通过批处理吸附试验测试了经热处理后钻井泥浆废渣对 VOC 的吸附效果（图 4-2）。

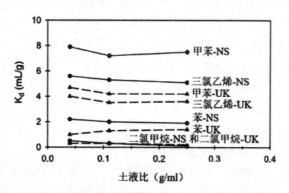

图 4-2 不同土液比两种热处理钻井泥浆废渣的分配系数

保水剂又称高吸水剂，可吸收相当自身重量成百倍甚至千倍的水分，因此可抑制土体水分蒸发，调节土体温度。保水剂种类繁多，根据合成原料的不同，可将其分为四类：改性淀粉类（淀粉－聚丙烯酸型、淀粉－聚丙烯酰胺型）、合成聚合物类（聚丙烯酸型、聚丙烯型、聚丙烯醇型等）、改性纤维素类（羧甲基纤维素型、纤维素型）以及其他天然物及其衍生物、共混物及复合物。保水剂广泛应用于农业领域。一般通过吸水倍率、吸水速率、保水率和反复吸水性来反映保水剂的性能；其中吸水倍率、吸水速率和反复吸水性为吸水性能，而保水率则反映其保水性能。对比不同类型的吸附剂和保水剂，可以发现二者在材料上具有重合之处。考虑到复合型双重剂制备过程较为烦琐，且成本较高，其在实际工程中实用性不高，因此在遴选合适的双重剂材料时应尽量选择天然材料。而黏土及其改性物由于其种类繁多，包括凹凸棒土、膨润土、伊利石等，应选择吸附能力和经济性较强的凹凸棒土作为备选双重剂材料。对于木质素、海藻酸等材料，考虑经济因素以及其保水能力较弱（以海藻酸及其衍生物为例，仅能保水数天），因此不考虑将这类材料作为双重剂的备选材料。根据材料类型不同，将筛选所得的双重剂分为天然双重剂与人工双重剂两类。天然双重剂包括凹凸棒土、沸石，人工双重剂包括纤维素类、淀粉类、硅藻土类以及壳聚糖类。水平阻隔系统的使用年限一般大于 10 年，而 6 种备选材料的使用年限为 4～6 年，生物基材料（纤维素基、壳聚糖类、淀粉类）在土体中易流失、易降解，其使用年限一般小于 4 年，不符合实际应用需求。因此，凹凸棒石黏土和硅藻土类材料符合双重剂的经济、使用年限、保水、吸附等各方面的需求。

1. 凹凸棒石黏土

凹凸棒石黏土是指以凹凸棒土为主要矿物成分的一种天然非金属黏土矿物，又称坡缕石。它是一种具有特殊纤维状晶体结构的含水富镁铝硅酸盐矿物，常伴生有蒙脱石、高岭石、水云母、石英、蛋白石及碳酸盐等矿物，隶属于海泡石族。而凹凸棒石黏土被称为"万土之王"，中国、美国、以色列、英国、俄罗斯、南非和澳大利亚等国家都具备具有成型的凹凸棒石矿床。据统计，世界已探明的凹凸棒石储量约 1.5 亿吨，而我国已探明的储量在 1 亿吨以上。因此，相对于世界上其他国家，我国在凹凸棒石储量上具有绝对优势。凹凸棒石黏土的用途广泛，主要因其理化性质众多，包括吸附性、流变性、胶体性等。布拉德利首次建立了凹凸棒石黏土的晶体构造模型，发现其具有独特的纤维状或链状结构，可分为 3 层。凹凸棒石黏土可作为双重剂原料主要是由其吸附性能决定的，凹凸棒石黏土晶粒长 $0.5 \sim 5 \mu m$，宽 $0.01 \sim 0.1 \mu m$，其基本构造单元为两层平行的硅氧四面体中间夹一层镁氧八面体，而硅氧四面体的自由氧原子指向不一致，导致八面体不连续，在八面体上形成截面为 $0.38 \mu m \times 0.63 \mu m$ 的孔道。由于凹凸棒石黏土内部孔道众多，大部分阳离子、水分子、一定大小的有机分子均可以被吸附，实际上形成了类似于具有天然纳米通道的材料，其吸附效果类似于"沸石分子筛"。具体而言，凹凸棒石黏土的吸附方式分为物理吸附和化学吸附，主要取决于其比表面积、理化结构及离子状态。凹凸棒土的物理吸附主要与比表面积和理化结构有关，其内部孔道在使其具有极大的比表面积的同时，起到了分子筛的作用，它通过分子间作用力将吸附质吸附在凹凸棒土上。而化学吸附也是凹凸棒土吸附能力的重要体现，其吸附基于凹凸棒土表面可能存在的几种吸附中心：第一，硅氧四面体层内因类质同晶置换产生的弱电子供给氧原子，其与吸附核的作用很弱；第二，在纤维边缘与金属阳离子（Mg^{2+}）配位结合的结晶水分子，它可以与吸附核形成氢键；第三，在四面体层外表面上由 Si-O-Si 桥氧键断裂形成的 Si-OH 基不仅可以接受离子，而且可以与晶体外表面的吸附分子相互结合，还可以与某些有机试剂形成共价键。此外，凹凸棒石黏土的吸附具有选择性。巴里等发现凹凸棒石黏土能吸附水、醛、酮、烷烃等极性分子，却无法吸附氧气等非极性分子，其吸附能力大小依次为：水 > 醇 > 酸 > 醛 > 酮 > 正烯烃 > 中性脂 > 芳香族化合物 > 环烷烃 > 烷烃 > 石蜡，直链烷烃较支链烃更易被吸附。凹凸棒石黏土因其独特的结构特征，具有优异的吸附性能，被广泛应用于环境修复领域。

2. 硅藻土类

硅藻土是由远古时期单细胞水生低等植物硅藻的遗骸堆积而成，经初步成岩作用而形成的一种多孔性层状硅质岩，具有无毒、分布广、高孔隙率、高渗透性、比表面积大、化学稳定性良好、熔点高等优点。硅藻土的主要化学成分是 SiO_2，其矿床中 SiO_2 的含量大于 85%，并含有多种类型的金属氧化物（包括 Al_2O_3、Fe_2O_3、CaO、MgO、K_2O、Na_2O、P_2O_5 等）和有机物等杂质。由于硅藻土的生物成因，其上存在大量有序排列的微孔结构（孔径 $7 \sim 160nm$），孔隙率高、质量轻、比表面积大。不同种类硅藻土的微观孔隙结构不同。硅藻土作为全球分布较广、储量丰富的非金属矿藏之一，超过 100 多个国家有探明的硅藻土矿，全球储量约 20 亿吨。主要分布的国家和地区有美国、中国、俄罗斯、捷克和秘鲁等。我国的硅藻土资源十分丰富，储量居世界第二位。硅藻土由于其独特的多孔、比表面积大的结构，在分子间作用力的作用下具有一定吸附性能。另外，硅藻土表面具有很多硅羟基基团，使其具有很高的活性。硅藻土中的结晶二氧化硅与无定形二氧化硅类似，而羟基之间相互作用形成了氢键，使其具有一定吸水性。一般情况下，硅藻土中的羟基根据其硅原子的配位来分类，大多数硅氧键、硅烷醇或硅氧烷在无定形二氧化硅表面或内部结构中是单硅烷醇基团，也称为游离或孤立的硅醇；硅烷二醇基团通常被称为偕硅烷醇和硅烷三醇，这些不同类型的羟基能与特定物质反应，使硅藻土能够吸附不同类型的物质。硅藻土由于其独特的多孔结构，其比表面积较大，且其结构中的各种类型醇羟基可吸附特定物质，因此其具有一定物理吸附和化学吸附能力，被广泛用于吸附污染物。综合考虑材料的吸附性能、保水性能、经济、使用年限等因素，可知凹凸棒石黏土是相对合适的双重剂原料。而硅藻土对 VOC 气体的吸附效果较好，但保水性能较为一般，可作为双重剂原料的改性材料。剩余的沸石、改性纤维素、改性淀粉和改性壳聚糖均不适合作为双重剂原料。

（二）土体气体扩散性能的测试方法及评价指标

为综合评估双重剂材料的保水性能和吸附性，则需要了解 VOC 气体在土体中的迁移机制及评价指标。气体在土体中的迁移机制主要包括平流作用和扩散作用，其中平流作用符合达西定律，而扩散作用可以通过菲克第一定律来解释。针对 VOC 气体在土体中的迁移机制，康南特等人经研究表明夏季土体中蒸汽浓度较高时，三氯乙烯等 VOC 气体的迁移以扩散为主，而由密度引起的平流也是气体迁移的组成部分之一。研究者比较了不同条件下 VOC 在非饱和带内由压力驱动的平流通量，由密度驱动的平流通量和扩散通量的大小，发现通常情况下平流通量比扩散通量小 1~3 个数量级，只有当孔隙率小于 0.05 时，平流通量和扩散通量才大致相等。国内研究者发现，CCL 层、GCL 层中 VOC 气体的迁移都是由扩散作用驱动的。当气体通过含水的黏土层时，其由扩散作用驱动的迁移受气体固有渗透率、空气、水相对渗透率（受吸附作用影响），以及保水率三个指标影响。因此，对比添加双重剂前后击实黏土层的扩散阻隔性能的变化，可以对双重剂的改性效果进行综合评价。土体空气交换主要在土体的充气孔隙中进行，其机制为气体扩散作用，通过土壤气体扩散系数 (Ds) 可以描述气体扩散的快慢，土壤气体扩散系数 Ds 与土体充气孔隙度 ε 有关。在土体孔隙中含水的情况下，气体扩散通过土体中的充气孔隙进行，在岩土工程中将块状材料中孔隙体积与材料在自然状态下总体积的百分比定义为孔隙率，而土壤科学将孔隙度（又称总孔隙度）定义基质中通气孔隙与持水孔隙的总和，孔隙度以孔隙体积占基质总体积的百分比来表示。对于土壤而言，二者计算方法相同。土壤中的充气孔隙度即通气孔隙占基质总体积的百分比，在数值上等于总孔隙度减去孔隙体积占基质总体积的百分比（即岩土工程中的体积含水率）。早在 20 世纪初，白金汉就提出 DS/DO（DO 为该气体在大气中的自由扩散系数）与土体充气孔隙度 ε 的平方成正比。而彭曼发现 ε 与 DS/D0 存在线性关系，且 ε 一般小于 0.7。米尔顿和奎克基于总孔隙度建立了气体扩算系数计算模型；后来他们又对模型进行了改进，考虑了水土特征曲线、弯曲系数和多孔介质复杂性因子，建立了 SWLR 模型（Structure-DependentWater-inducedLinearReductionModel）。

目前，基于充气孔隙度 ε 的经验或半经验模型较多，不同模型在实际应用上存在差异，可能会造成较大的误差。根据土壤中气体扩散的原理，泰勒提出了相对简单的土体气体扩散系数 DS 测试方法，该方法在待测土样两端建立示踪气体浓度差，示踪气体在浓度梯度驱动下扩散进入浓度低的一端，测定浓度低的一端的示踪气体浓度随时间的变化，由其变化速率即可计算待测土体的气体扩散系数 DS。加里采用单气室法测定土体的气体扩散系数 DS 的方法，得到了广泛应用。近年来随着技术的不断提高，采用传感器或气象色谱仪实时测定气体浓度变化大大提高了土壤气体渗透系数的测定精度。苏志慧等根据泰勒的计算方法设计的气体扩散系数装置示意图，用于计算土体中氧气的扩散系数。其气体扩散系数计算简便且精度较高，结合菲克第一定律与氧气扩散进入扩散室的体积随时间的变化速率，并对其在 0-t 上进行积分得到式 1:

$$\ln\left(\frac{\Delta C_t}{\Delta C_0}\right) = -\frac{D_s'}{h_s \cdot h_c} \cdot t$$

$$K = -\frac{D_s'}{h_s \cdot h_c}$$

$$D_s' = h_s \cdot h_c \cdot K$$

考虑土壤中氧气浓度变化引起氧气存储量变化而导致的误差，引入修正系数 Kj 对其进行校正，可得到式 2:

$$K_j = \frac{D_S}{D_S'} = \frac{\varepsilon}{\alpha^2} \cdot \frac{1}{h_s \cdot h_c}$$

$$(\alpha \cdot h_s) \cdot \tan(\alpha \cdot h_s) = h_s \cdot \frac{\varepsilon}{h_c}$$

$$\varepsilon = 1 - \frac{\rho_b}{\rho_s} - \theta_V$$

有研究者研制用于测试土体气体扩散系数的气体扩散仪，采用 3D 打印技术一键成型，其气密性良好，取样方便，误差较小。土体气体扩散仪主要由三部分组成，包括土单元室、扩散室和传感器。其中土单元室上下两端分别与大气和扩散室相连通，扩散室壁上设有进气口和出气口，使用热熔胶联结阀门与扩散室，使其符合气密性要求。为克服气体类型对土体扩散系数的影响，引入相对扩散系数（DS/D0）的概念，D0 为该气体在相同的温度大气压下于自由大气中的扩散系数之比，其大小可以从罗斯顿的相关研究中获取，且 D0 需要根据温度进行校正，其校正公式为:

$$D_0(T_2) = D_0(T_1)\left(\frac{T_2}{T_1}\right)^{1.72}$$

（三）保水性能和吸附性能的测试方法及评价指标

双重剂主要用于水平阻隔系统中 CCL 层的改性，以研发可以吸附 VOC 气体的增强型黏土功能层材料，防止 CCL 层开裂和 VOC 气体扩散。双重剂同时兼具吸附剂和保水剂的效果。因此，为具体评价双重剂的实际效果，应分别测试其保水性能和对 VOC 气体的吸附性能。

1. 保水性能的测试方法及评价指标

双重剂的保水性能即添加双重剂后，CCL 层能保持一定含水率而防止土体中水分散失。CCL 层中黏土属于非饱和土，岩土工程中通常采用非饱和土土水特征曲线（SWCC 曲线）来预测非饱和土内的水流流动、应力和变形现象，揭示土体中吸力与含水量的关系，并通过液塑限试验分析双重剂改性前后保水性能的变化。考虑到目前保水剂广泛应用于农学领域，而农业上评价保水剂保水效果的指标为吸水率、吸水速率和保水率，为综合评价增强型黏土功能层材料的保水性能，应结合岩土工程和农学领域对土体保水性能的评价指标，以进气压力值、饱和体积含水率、残余体积含水率、液塑限、保水率作为双重剂的保水性能的主要评价标准。保水率测试即测定不同用量的双重剂对黏土水分蒸发的影响，包括自然蒸发试验和烘箱蒸发试验两种方法。考虑实际工程中夏季可能出现的极端天气情况，应选择烘箱蒸发试验对其进行测试。吸力测量即采用轴平移技术测试增强型黏土功能层材料的基质吸力，绘制非饱和土土水特征曲线。由于材料为细粒土，故采用 vanGenuchten（VG）模型对其进行拟合，得到 α（进气压力值倒数）、（残余体积含水率）、（饱和体积含水率）、m、n 共 5 个参数，评价其保水性能。液塑限试验即根据《土工试验方法标准》（GBT2050123-2019），利用液塑限联合测定仪法测试改性前后 CCL 层的液塑限变化，分析其保水性能发生变化的原因。

2. 吸附性能的测试方法及评价指标

为测试添加双重剂前后击实黏土层的对 VOC 气体的吸附性能变化，需要选择常见的有机污染场地的典型特征污染物，而且应尽量选择在试验室便于操作且毒性较小的特征污染物，在农药厂、氯碱厂、有机化工场地等有机污染场地中，苯系物是常见的特征污染物，而其中苯酚几乎存在于所有列举的典型有机污染场地中。苯酚是一种具有特殊气味的无色针状晶体，常温下微溶于水，易溶于有机溶剂，有腐蚀性，毒性相对较低，属于三类致癌物。当水中苯酚浓度大于 0.05ppm 时对水生生物有伤害，因此选择苯酚作为试验用 VOC，可以较好地减轻试验人员的健康风险，且满足有机污染场地中典型特征污染物的要求。目前缺少与气体批处理吸附试验相关的研究案例，国内规范、ASTM 规范、ISO 规范和 EU 规范中也无相关标准。为快速筛选吸附效果较好的双重剂材料，可通过气体吸附试验测试其实际的气体（苯酚）吸附效果，从而评价增强型黏土功能层材料对 VOC 气体的阻隔效果。国外的吉列莫特等人采用气体饱和器、固定床反应器和气体浓度测试装置相结合的方式，通过气体吸附试验测试沸石 50℃下动态吸附 PCE（四氯乙烯）的突破时间（20ppmv）和饱和时间。而维拉萨克等人通过箱式吸附试验测试了天然硅藻土和铜改性硅藻土对 H_2S 气体的吸附效果，天然硅藻土在 7min 内对 H_2S 气体吸附率为 41.93%，而 5% 铜改性后硅藻土对 H$_2$S 的吸附率可达 100%。在国内，气体吸附试验被广泛用于测试吸附剂对有毒有害气体的吸附效果，现有的气体吸附试验以气体吸附柱试验为主，其原理大致相同，即利用载气法（N$_2$ 等）保证一定浓度 VOC 气体通过吸附柱，在出口处设置连接气象色谱仪的热导检测器（TCD）检测经吸附后 VOC 气体的浓度，并设置有尾气处理装置和流量控制阀。气体吸附柱试验的吸附饱和条件为，出口处气体浓度与进气浓度相同，并保持 15min 以上。吸附前后称量吸附柱中吸附剂的质量，计算得到吸附量，吸附量即为气体吸附柱试验的评价指标。而利用凹凸棒土合成沸石对硫化氢气体进行动态吸附时，通过对穿透曲线以上区域（时间为 x 坐标，出口 H$_2$S 浓度为 y 坐标）、给定流速、H$_2$S 初始浓度和吸附剂质量的积分计算得到吸附剂的穿透能力，可以作为吸附 – 解吸附过程中吸附效果的评价指标。当前，气体吸附柱试验普遍存在的不足主要是试验装置较为复杂庞大，气密性难以保证，且进气口和出气口的气体浓度读数不够精确容易造成误差。

$$Q = \frac{m - m_0}{m}$$

3. 研究存在的问题

目前国内外对 CCL 层阻隔挥发性气体的研究相对较少，仍存在较多问题需要加以深入研究。

（1）CCL 层吸附 VOC 气体相关的试验研究较少

目前，CCL 层吸附重金属离子的研究较多，而吸附 VOC 气体的研究相对较少。而且批处理吸附试验大多应用于液体吸附，对于气体批处理吸附，尚无相应的试验仪器与试验规范。而 VOC 气体相较于液体，其挥发性强，易扩散，对试验装置的密封性提出了更高的要求，需要对其进行自主研发。

（2）CCL 层的扩散阻隔性能的综合性研究较少

CCL 层的扩散阻隔效果与其保水性能和吸附性能有关，同时受土体气体扩散系数的影响。目前缺少对兼具保水和吸附功能的双重改性剂的研究，也缺少针对改性后增强型黏土功能层材料的气体扩散系数的研究。

参考文献

[1] 陈向进.遥感技术在生态环境监测中的应用 [J].电子世界，2021（18）：146-147.

[2] 杜雯翠，冯科.城市化会恶化空气质量吗？—来自新兴经济体国家的经验 证据 [J].经济社会体制比较，2013（5）：91-99.

[3] 耿春香，刘广东.遥感技术在生态环境监测中的应用研究 [J].信息记录材 料，2019，20（04）：140-141.

[4] 胡莉烨.基于 ArcGIS Engine 的海洋生态环境监测技术研究与应用 [D].浙江海洋大学，2017.

[5] 李斌，赵新华.经济结构、技术进步、国际贸易与环境污染：基于中国工业行业数据的分析 [J].山西财经大学学报，2011，33（05）：1-9.

[6] 李海鹰.RS 与 GIS 技术在采煤塌陷区生态环境时空监测中的研究与应用 [D].成都理工大学，2007.

[7] 李玉霞，杨武年，郑泽忠.中巴资源卫星（CBERS-02）遥感图像在生态环境动态监测中的应用研究 [J].水土保持研究，2006（06）：198-200.

[8] 廖鹏.遥感技术在生态环境监测中的应用 [J].环境与发展，2018，30（07）：90-91.

[9] 刘敏.3S 技术及其在生态环境监测中的应用 [J].广东林业科技，2005（03）：71-74.

[10] 倪见.遥感技术在水生态环境管理的应用与前景 [J].绿色环保建材，2020（11）：42-43.

[11] 皮建才.中国式分权下的环境保护与经济发展 [J].财经问题研究，2010（06）：10-14.

[12] 钱丽萍.遥感技术在矿山环境动态监测中的应用研究 [J].安全与环境工程，2008，15（04）：5-9.

[13] 申丽琼．基于"3S"技术的汶川县土地利用/覆被变化动态监测及分析[D].成都理工大学，2013.

[14] 田维渊．雅安市生态环境遥感动态监测及景观格局变化分析[D].成都理工大学，2009.

[15] 涂斌，姚笛，查小明．天然气替代燃煤集中供暖的大气污染减排效果[J].城市建设理论研究（电子版），2015（29）：2087-2088.

[16] 王栋．遥感和GIS在生态环境动态监测与评价中的应用[D].太原理工大学，2009.

[17] 王俊华，代晶晶，令天宇，等．基于RS与GIS技术的西藏多龙矿集区生态环境监测研究[J].地质学报，2019，93（04）：957-970.

[18] 王希杰．基于物联网技术的生态环境监测应用研究[J].传感器与微系统，2011，30（07）：149-152..

[19] 王小鸽，胡洪涛．遥感技术在生态环境监测中的应用价值[J].资源节约与环保，2020（10）：60-61.

[20] 王勇，庄大方，徐新良，等．宏观生态环境遥感监测系统总体设计与关键技术[J].地球信息科学学报，2011，13（05）：672-678.

[21] 吴炳方，李苗苗，颜长珍，等．生态环境典型治理区5年期遥感动态监测[J].遥感学报，2005（01）：32-38.

[22] 熊丽君，袁明珠，吴建强．大数据技术在生态环境领域的应用综述[J].生态环境学报，2019，28（12）：2454-2463..

[23] 闫正龙，高凡，何兵．3S技术在我国生态环境动态演变研究中的应用进展[J].地理信息世界，2019，26（02）：43-48.

[24] 杨振．中国能源消费碳排放影响因素分析[J].环境科学与管理，2010，35（11）：38-40，61.

[25] 于镇华，黄朔．"3S"技术在生态环境监测中的应用[J].中央民族大学学报（自然科学版），2008，17（S1）：64-68.

[26] 袁文静，董翔宇．基于遥感技术的生态环境监测与保护应用研究[J].中国科技信息，2020（19）：89-90.

[27] 张春桂，李计英．基于3S技术的区域生态环境质量监测研究[J].自然资源学报，2010，25（12）：2060-2071.

[28] 张婷婷，张涛，侯俊利，等．空间信息技术在渔业资源及生态环境监测与评价中的应用[J].海洋渔业，2014，36（03）：272-281.

[29] 张增祥，彭旭龙，陈晓峰，等．生态环境综合评价与动态监测的空间信息定量分析方法及应用[J].环境科学，1999（01）：69-73.

[30] 周晨．环境遥感监测技术的应用与发展[J].环境科技，2011，24（S1）：139-141+144.